学名の知識とその作り方

平嶋 義宏 著

SCIENTIFIC NAMES
HOW TO MAKE NEW NAMES
OF GENERA AND SPECIES

東海大学出版部

Scientific Names. How to make New Names of Genera and Species.

Yoshihiro HIRASHIMA
Tokai University Press, 2016
ISBN978-4-486-02100-1

はしがき

拙著『日本語でひく動物学名辞典』をみた人から「これは非常に有難い本である．いまからかなりたくさんの新種を命名しなければならないが，実は古典語に自信がなく，困っていた．この本を大いに参考にしたい」という感謝の手紙を頂戴した．

この手紙をみて私は嬉しくなった．その人は有数の昆虫分類学者である．拙著がそのようにお役に立てば有難いことである．

しかし，いまから新属や新種を発表したいと思う研究者や，かなりの経験はつんでいるが新名発表のための古典語には自信がないと思う研究者，あるいは分類学を志す学生諸君のために，手引きになる本を書いてみては，と思い至った．

そうして計画したのが本書の発行である．実は私は拙著『生物学名命名法辞典』（平凡社，1994年）の第１章に「学名の基礎的知識」と題し，123頁にわたって学名について解説をした．真っ先に初級者に読んで欲しい解説である．自分でいうのはおこがましいが，これは私の自信作であり，ギリシア語をラテン語化する規則まで述べている．この章をマスターすれば新属や新種を命名するのに逡巡することはない．しかし，この本はすでに絶版となっていて，見るのも簡単ではない．また，この本には「すぐに使える古典語」の例示が多くない．これに代わって本書『学名の知識とその作り方』には豊富な語彙が集めてあって，「すぐに役立つ本」をモットーとしている．

本書は第１章を「序論」に，第２章を「属名と種小名」の概説にあて，第３章を「造語法の基礎的知識」と題して，学名の面白さや奥深さを会得できるように配慮した．そうして，それらの知識をふまえて，第４章に命名法のドリルを設けた．大型で珍しい形の甲虫の１種を示し，これに新属名と新種名をつける試みである．本書のすべての読者に，意欲をもやして，これに挑戦してほしい．そして，命名の面白さや難しさを体験してほしいのである．実は私はすでに『生物学名辞典』（東京大学出版会）の「囲み記事（17)」で同様のドリルを設けている．ご存知の方も多かろう．

第５章から第９章までは，新しい学名の命名のために，必要最小限と思われる古典語の語彙を解説した．新しく分類学を志す人には，是非熟読玩味してほしい部分である．

最後の第10章は，いままで私が著わした学名解説の本（『生物学名概論』，『生物学名辞典』と『日本語でひく動物学名辞典』の３冊）に書いた「囲み記事」の中から，適宜に抜粋してまとめたものである．大方の読者諸賢の参考になり，また，息抜きの読み物になれば幸いと思う次第である．大いに本書を楽しみ，かつ，利用して頂きたい．

2016年５月12日　平嶋 義宏

目次

はしがき　iii

第1章　序論　1
第1節　和名と学名　1
第2節　種と亜種の学名の表記法　2
第3節　反復名（同語反復）　3
第4節　同名（ホモニム）と置換名　3
第5節　学名には意味がある　4
第6節　学名の開祖リンネ　6
第7節　学名の発音　6

第2章　属名と種小名　11
第1節　タイプとは何か　11
第2節　属名とは何か　11
第3節　種小名について　13
第1項　種小名は属名に従属する　13
第2項　種小名の実例，ヒメハマキガ属（蛾）の場合　13
第3項　ヒメハマキガの種小名の検討　15
（1）はじめに知っておきたいこと　15
（2）ヒメハマキガの種小名の意味　16
（3）ヒメハマキガの種小名の特徴　18
第4節　属名の性と形容詞の種小名　19
第5節　ホモニム（異物同名）は避けねばならない　20

第3章　造語法の基礎的知識　21
第1節　接頭辞，接尾辞，縮小辞の活用　21
第1項　接頭辞 prefix の活用　21
第2項　接尾辞 suffix の活用　25
第3項　縮小辞 diminutive の活用　28
第2節　複合語（合成語）の作り方　30
第1項　複合語（合成語）とは　30

第２項　複合語の作り方の一般的な注意　30
（１）混成名を避ける　30
（２）ラテン語とのみ，ギリシア語とのみ結合する語　30
（３）語幹と接続母音　31
（４）接続母音をとらないもの　31
第３項　複合語の作り方　31

第４章　命名法ドリル：下図の甲虫に新属名と新種小名をつけてみよう　35
第１項　新属名についての助言　36
第２項　新種小名についての助言　37

第５章　命名に役立つ古典語の知識　39
第１節　一般的な形容詞　39
第２節　色に関する用語　43
第３節　形に関する用語　48
第４節　寸法に関する用語　53

第６章　動物体の表面構造に関する用語　59

第７章　動物の体の構造に関する用語　65

第８章　動物の行動に関する用語　73

第９章　環境に関する用語　87

第10章　学名よもやま話　95
（１）分類学的研究の結果が学名に表示される　95
（２）日本の博物学の発展に貢献した江戸時代来朝の外国人　95
（３）小さな甲虫が大きな世界の珍獣を食った話　97
（４）種小名（種形容語）におけるハイフンの使用　97
（５）数詞の使い方　98
（６）接頭辞 a- の意味と解釈　99
（７）奇想天外な命名法（１），アベ・ユーフォ・タマバチ　100
（８）奇想天外な命名法（２），細菌の場合　100
（９）奇想天外な命名法（３），シーザー・ムスメインコ　101

(10) 属名と種小名が同じ意味の学名　101
(11) 奇想天外な命名法（4），昆虫のユスリカの場合　103
(12) 世界最小の魚とその学名　104
(13) ノミが葉に化けた話　105
(14) 語源不詳の属名　106

索引
和名索引　109
属名索引　123
種小名索引　133

第1章 序論

第1節 和名と学名

生き物にはすべてに名前がある．動物では，例えばイセエビ（伊勢海老），ミツバチ（蜜蜂），アマガエル（雨蛙），マグロ（鮪），スズメ（雀），タヌキ（狸），アナグマ（穴熊）などなど．これらの名前を和名といい，学会で承認されているものを標準和名という．

これに対し，英語では，イセエビを spiny lobster（スパイニー・ロブスタ），ミツバチを honey bee（ハニビー），アマガエルを treefrog（トリーフロッグ），マグロを tany（タニー）または tuna（トゥーナ），スズメを sparrow（スパロー），タヌキを raccoon dog（ラクーン・ドッグ），アナグマを Eurasian badger（ユーレイシアン・バジャー）という．ただしこれらは英語圏内でしか通用しない．

それでは世界に通用する名前はあるのだろうか．そうです．確かに存在します．それを学名（scientific name）という．上記の動物の種の学名（すなわち種名）を示せば以下の通り．

イセエビ　*Parinulus japonicus*（パリヌールス・ヤポーニクス）
ミツバチ　*Apis mellifera*（アピス・メッリフェラ）
アマガエル　*Hyla japonica*（ヒュラ・ヤポーニカ）
クロマグロ　*Thunnus orientalis*（トゥンヌス・オリエンタリス）（かつては単にマグロとよんだが，1960年代にまぎらわしいとの理由で改名）
スズメ　*Passer montanus*（パッセル・モンターヌス）
タヌキ　*Nyctereutes procyonoides*（ニュクテレウテス・プロキュオノイデスまたはプロキュオノイーデース）
アナグマ　*Meles meles*（メレス・メレス）．日本産のものは亜種あつかいで，ニホンアナグマ *Meles meles anakuma* という．

動物の学名では，極めて専門的な研究論文ではない場合，その学名の命名者（著者名）をつけなくてもよい（植物学とは異なる）．例えばセイヨウミツバチ（一般にミツバチという）の学名は *Apis mellifera* だけでもよいのである．

セイヨウミツバチの学名は，以下の3つの方法で示される．

Apis mellifera

Apis mellifera Linnaeus

Apis mellifera Linnaeus, 1758

第2節　種と亜種の学名の表記法

種の学名の表記法

上述のように，種（species，単複同形）の学名は2つの単語から成り立っている．最初の単語を属名（generic name），2番目の単語を種小名（specific name）という．この形式を二名式（二名式名称）（binomen）という．これは動物，植物，細菌でも同じである．

この形式を標準として世に広めたのはスウェーデンの大博物学者リンネ（下記第6節参照）である．

ついでに説明しておきたい．分類学では，属は亜属（subgenus）に分けられる．亜属名を示したいときは，属名の次に（　）を用いて示す．例えば花蜂のヤスマツヒメハナバチは *Andrena*（*Parandrena*）*yasumatui* Hirashima と示される．ヒメハナバチ属 *Andrena* は全北区に広く分布し，極めて多くの種類を含み，かつ，多くの亜属に分けられている．

亜種の学名の表記法

動物学では，命名規約の条文によって，種と亜種に学名が与えられる．亜種より下のランクのもの，例えば品種とか変種とか型などは規約の範囲外である．

亜種の表記法は三名式（trinomen）で，種小名の次に亜種小名をつければよい．上記のニホンアナグマ *Meles meles anakuma* がそれである．

種小名や亜種小名は単独では存在し得ない

アナグマの *Meles meles* の種小名 *meles* は，それ単独では存在価値がない．属名と結合してはじめて種小名として存在するのである．亜種小名も同様であり，単に *anakuma* では学名としての意味はない．1つの単語にしかすぎない．*Meles meles* と結合してはじめて亜種小名としての意味を持つ．

学名はイタリック体で表示する

上記のように，属や種の学名はイタリック体で表示される．これは学名を他のものと混同しないための処置である．属より上の分類群名すなわち科名とか目名などはローマン体で表記する．例えばミツバチ科 Apidae，ミツバチ上科 Apoidea，ハチ目（膜翅目）Hymenoptera など．

著者名（命名者名）の略記

種の学名を表示する場合，命名者名を略記することも許される．例えばアメリカの著名なハナバチ学者 Cockerell は Ckll. と，スエーデンの著名な昆虫学者 Fabricius は Fabr. など．学名の開祖 Linnaeus は L. と 1 語だけで表わされる．特別の敬意を表しているのである．

著者名（命名者名）が括弧にくるまれた場合

命名者名が括弧で囲まれた場合もある．これは非常に多い．例えばシロチョウ科のキチョウ（黄蝶）*Eurema hecabe*（Linnaeus）もその 1 つ．これは，リンネが *hecabe* という種類を命名したときは *Eurema* 属ではなかった，という意味である．その時の属名はこの表記法では示されない．

（注）属名は（ギ）eurēma 発明（品），発見（物）．種小名はギリシア伝説のプリアムスの妃ヘクバのギリシア名ヘカベー Hecabē に因む．

第 3 節　反復名（同語反復）

アナグマの学名 *Meles meles* のように，属名と種小名が同一のものを反復名（tautonym）という．同語反復ともいう．動物学ではときどき眼にするが，植物学では皆無である．植物命名規約でこれを禁止しているからである．

第 4 節　同名（ホモニム）と置換名

主に属名において起こるものであり，別のものでありながら同じ名前がついたものを同名ホモニム（homonym）という．分類学ではそのような混乱は許されない．新しく提案されたものを置換名（あるいは訂正名）という．同時代の他人が置換名を提案するには，その旨本人に通知するなど，分類学者としてのエチケットが必要である．

第5節　学名には意味がある

学名にはそれぞれに意味がある．属名は属名としての意味があり，種小名には種小名としての意味がある．命名者は当該の新種には適切な名前を与えようと苦心するものである．親が子供の名前つけに苦労するのと同様である．

それでは，第1節に述べた7種の動物の学名の意味を説明しよう．

（1）イセエビの属名 *Parinulus*（パリヌルス）はセイヨウイセエビの属名 *Palinurus*（パリヌールス）のアナグラムである．

アナグラム（anagram）とは語句の綴り変えのことで，例えば time（時間）から emit（発する，放つ）とか mite（ダニ）ができることをいう．セイヨウイセエビの属名はギリシア伝説の Aeneas（トロイアの勇士）の船の舵手パリヌールスの名に因む．海産動物の学名には打ってつけの名前であろう．

イセエビの種小名 *japonicus*（ヤポーニクス）はラテン語（近代ラテン語）で日本の，の意．この語は形容詞であり，男性形が japonicus，女性形が japonica，中性形が japonicum と変化する．

（2）ミツバチ（セイヨウミツバチ）の属名 *Apis*（アピス）はラテン語の apis（ミツバチ）を採用したもの．女性名詞である．

ミツバチの種小名 *mellifera*（メッリフェラ）はラテン語で〈蜜を生じる〉という意味の形容詞 mellifer の女性形である．

（3）アマガエル（ニホンアマガエル）の属名 *Hyla*（ヒュラ）はギリシア語の hylē をラテン語化したもので，森林，または野生の樹木という意味の女性名詞．アマガエルが樹の上にいるための適切な表現である．

種小名 *japonica* は japonicus の女性形で，日本の．この形容詞は属名の性に一致している．

（4）マグロ（クロマグロ）の属名 *Thunnus*（トゥンヌス）はマグロ類のギリシア語 thynnos（男性名詞）を採用したものであるが，正しくラテン語化されていない．

学名では，ギリシア語はラテン語化して用いねばならない．そこで動物分類学者はギリシア語をラテン語化する法則を知らねばならない．その法則を知るにはギリシア語にかなりの知識を必要とする．ここではその法則を示した拙著『生物学名命名法辞典』（平凡社）

を紹介するにとどめたい.

種小名の *orientalis*（オリエンターリス）はラテン語の形容詞〈東洋の〉の意の男性形. 産地を示す. この語の女性形も orientalis で, 中性形は orientale（オリエンターレ）である.

このように, ラテン語の形容詞の語尾変化は少々複雑である. 新種を命名したい人は, まずはラテン語文法を学ばねばならない.

（5）スズメの属名 *Passer*（パッセル）はスズメのラテン名を採用したもので, 男性名詞.

スズメの種小名はラテン語の形容詞 *montanus*（モンターヌス）の男性形で,〈山の〉という意味. またはラテン語で〈山地の住人〉という意味の男性名詞でもある. ところがスズメは人家の周りにいる小鳥であり, 山にはいない. このように, 種小名の意味はその動物の実態と合わないものもある. 命名者が実情（その種類の習性など）を知らずに勝手に命名したのである.

（6）タヌキの属名 *Nyctereutes*（ニュクテレウテース）はギリシア語の男性名詞で〈夜間に狩りをする人〉の意味. 夜行性という習性をうまく表現した学名.

種小名の *procyonoides*（プロキュオノイーデース）はギリシア語の複合語で,〈アライグマに似たもの〉の意. アライグマ *Procyon* + -oides という構成.

アライグマ *Procyon lotor*（プロキュオーン・ロートル）の属名は〈前の犬〉という意味で, ギリシア語の pro-（前の）と kyōn（キュオーン）（犬）の複合語. 犬の祖先にあたる, という意味.

種小名 *lotor*（ロートル）はラテン語で〈洗濯をする人〉. アライグマが食べ物を洗う習性をうまく表現している.

（7）ニホンアナグマ（日本穴熊）の属名 *Meles*（メーレース）はアナグマのラテン名 meles を採用した学名. 女性名詞である.

種小名の *meles* も同じ. この学名は珍しい反復名（前述）である.

亜種小名の *anakuma* は日本語の穴熊をラテン語化したもの.

第6節　学名の開祖リンネ

スウェーデンの大博物学者リンネ Carolus Linnaeus（Carl von Linné）（1707～1778）は世界中の動植物に造詣が深く，遂に動植物の学名を示すのに属名と種小名の２語の組み合わせに統一，推進した．それは非常に簡潔で便利なため，当時の学者の大多数はこれにならった．

やがて多くの新種が発見されるにつれて，名称に複雑な混乱が生じ，規約制定の必要が起こった．動物学では，萬国動物命名規約が1905年に制定された．それが改訂を重ねて現行の『国際動物命名規約　第４版』（2000年）につながっているのである．

動物の学名の出発点は，リンネの Systema Naturae（自然の体系）第10版（1758年）である．出発点というのは，これより古い名称は学名として認めない，ということである（一部例外あり）．

動物学が発達するにつれて，動物の各分野で多くの新種が発見され，命名されてきた．現在地球上にどれくらいの動物がいるか，動物学者の誰も知らない．私が大学生の頃（約70年前）には，世界の動物は100万種で，その70％は昆虫である，と教わった．その後研究の進展とともに新種は増え続け，1972年現在，その数は103万8604種（『動物分類名辞典』による）となった．約４万種増加している．その後も増え続け，2000年になると200万種，いや300万種はいる，といわれるようになった．ところが1,000万種はいる，と豪語する人もいる．正確なことは誰も知らない．しかも年々新種の発表は増え続けている．

第7節　学名の発音

音読でも黙読にしろ，学名は読まねばならない．学名の読み方に規則はあるのだろうか．古くて新しい問題である．学名の読み方が規約などで定められたことはない．その国の言語の習慣によって，英米では英語流に，ドイツではドイツ流に発音している．では我が国ではどうか．学名はラテン語とみなされるから，ラテン語式に発音する，といって，それを忠実に実行しようとする人がある．一見，理に適っている．しかし，古典ラテン語は死語であり，これを正確に発音することには現在では不可能である．我が国にはローマ字があって，１字ごとに発音するローマ字はラテン語に似ている．そこで，我が国では多くの人が学名はローマ字式に発音してよい，としている．ただし，文字の組み合わせによっては，ローマ字式にどの様に発音すべきかわからないものもある．したがって，ラテン語の発音の概略を踏まえた上で，ローマ字式に発音すればよいだろう．ラテン語の発音はおおよそ以下の様になる．

（A）ラテン語の発音

（1）母音

母音には a，e，i，o，u，y の６つがあり，発音にそれぞれ長短がある．すなわち，ア，エ，イ，オ，ウ，イュ　ならびに　アー，エー，イー，オー，ウー，イュー．

長音記号はラテン語辞典に文字の上に横棒（－）で示されている．しかし，これは辞典だけのことである．

a ：mamma マムマ　乳房．
ā ：canālis カナーリス　管．また，犬の．
e ：venter ウェンテル　腹，胃．
ē ：vēna ウェーナ　血管，静脈．
i ：ūsuālis ウースアーリス　日常の，普通の．
ī ：ūstrīna ウーストリーナ　火葬場．
o ：corpus コルプス　体．
ō ：ūstiō ウースティオー　焼くこと，火傷．
u ：oculus オクルス　眼．
ū ：cūrātor クーラートル　管理者，保護者．
y ：physica ピュシカ（フィシカ）　自然学，物理学．
ȳ ：pȳramis ピューラミス　古代エジプト人が作ったピラミッド．

（2）重母音

重母音は２つの母音が合わさって一息に発音されるもので，ラテン語には６種類があるが，多く用いられるものは次の３種である．

ae アエ　anaemia アナエミア　貧血．
oe オエ　amoeba アモエバ　アメーバ．
au アウ　auris アウリス　耳．

（3）子音

ローマ字式の発音でよいが，特に注意を要するもの（例えば c）がある．

b　barba バルバ　あごひげ.
c　常に k 音で，決してセ，シ，チとは発音しない.
caeles カエレス　天の，天界の.
circum キルクム　まわりに，両側に.
g　ガギグゲゴの音で，決してジとはならない.
digitus ディギトゥス　指.
gaster ガステール　胃.
h　日本語より軽く発音する.
humerus フメルス　肩.
j　日本語のヤイユエヨの音に同じ.
q　常に u を伴う.
liquor リクォル　液体.
s　常に清音である.
nasus ナースス　鼻.
t　d の清音である.
testis テスティス　睾丸.
v　英語の w に相当する子音で，ウと発音し，ヴではない.
virgo ウィルゴー　処女.
virus ウィルス　毒.（注）ウィールスと発音.
x　クスと発音.
axis アクシス　車軸.
lux ルクス　光.
z　英語の z に似た発音.
zona ヅォーナ　帯.

（B）ギリシア語由来の子音の発音

ラテン語のなかにはギリシア語由来のものが多い．また，学名にはギリシア語はラテン語化して用いねばならない．ラテン語化した場合，本来はラテン語にないものが4つある．χ（キィー）由来の ch，ϕ（フィー）由来の ph，ρ（ロー）由来の rh，θ（テータ）由来の th である．これらの発音は h がないものとして発音する．例えば，

Chironomus キロノムス（ユスリカ科，昆虫）.（ギ）cheironomos
パントマイム風に手を動かす人.

philosophia ピロソピア　愛知，すなわち哲学.

ただし，ph のみは［ f ］のように発音してもよい．哲学はフ

ィロソフィア.

Rhinoceros リノケロース　サイ（犀）.（ギ）rhinokerōs サイ .

Anthophora アントフォーラ　ケブカハナバチ属（花蜂，昆虫）.
（ギ）anthophoros 花を運ぶ，花のような.

第2章 属名と種小名

動物でも植物でも，当該の種類が，分類学的研究によって新属あるいは新種と判定されたときに命名される．すなわち学名がつけられる．属の場合は属名，種の場合は種小名，亜種の場合は亜種小名である．種は二名式，亜種は三名式で表現される．

命名者は研究者として存在していれば老若男女の誰でもよい．学名の引用の場合，動物学では，植物学とは違い，常に命名者名（著者名）をつけなくてもよい．

第1節 タイプとは何か

学名にはタイプ（type）が必要である．タイプとは学名の適用を決定することができる客観的な参考基準となるもので，属や亜属のタイプは１つの種（名義種あるいは名義亜種），種の場合は１つの標本である．種のタイプを特にホロタイプ（holotype）とよぶ．

新属や新亜属を発表する場合は，その名義種（あるいはタイプ種）を，新種や新亜種を発表するときはそのホロタイプを指定し，その保管場所を明記せねばならない．ホロタイプは学術上特に貴重な標本であるから，設備の整った公的機関で大事に，そして永久に保管されねばならない．

ホロタイプには完模式標本とか正基準標本とかの訳語がある．また，種のタイプにはパラタイプ（paratype）他の区別があるが，説明は割愛する．

第2節 属名とは何か

属（genus，複数 genera）とは，生物の分類体系において，科のすぐ下の位，種の上位におかれる基本的単位である．属は階級でもあり，また，タクソン（分類単位）でもある．属名がわからなければ，生物の種（単複同形 species）を表示することができない．学名は属が基本であるといっても過言ではない．

分類の実際では，形態的に似たもの同士（種）を集めて１つの属にまとめる．例えば蝶のアゲハチョウ属 *Papilio*（ラテン語で，蝶）あるいはアオスジアゲハ属 *Graphium*（ギリシア語で，小さな絵）など．それぞれに多くの種類が含まれている．

属と属との間には，明瞭な形態的差異が必要である．形態的差異がなければ，属の独立性は保たれない．

しかし，分類学者の見解の違いによって，属は大きくまとめられたり(つまり種類数が多い)，小さく分けられたりする（つまり種類数が少ない)．極端な場合は１属1000種の場合もあれば，１属１種の場合もある．これは生物そのものの進化（種分化）の程度を示すものでもある（下記)．

イリオモテヤマネコの発見は我が国の生物学界の大きな事件であった．早々に新属新種として *Mayailurus iriomotensis*（西表島のマヤ猫）と命名された．マヤとは西表島の方言で猫のことである．ところが，最近の若い研究者は *Mayailurus* という属を認めず，イリオモテヤマネコの属名を *Felis*（ラテン語で，猫）とする人もいる．

属の内容は，その生物の特性に従って多様である．生きた化石といわれる植物のイチョウ *Ginkgo*（銀杏の音読み）やオーストラリアの珍獣カモノハシ *Ornithorhynchus*（ギリシア語で，鳥の嘴）は１属１種である．同様に生きた化石といわれるムカシトンボ *Epiophlebia*（ギリシア語で，穏やかな翅脈）は我が国に１種，ヒマラヤに１種いる．これに引き換え，花蜂のヒメハナバチ *Andrena*（ギリシア語で，スズメバチ）は我が国に約84種，世界には約1000種いる．非常に大きな属である．

日本のハナバチ（花蜂）は全部の種数が約390で，33属に分類されている．私はハナバチの専門家なので，一目でこれらの花蜂を属レベルで，或いは種レベルで見分けることができる．これを同定（identification）という．分類学はこのように同定が手始めであり，先ずその属名を正確に知ることが必要である．

このように，属は理論的にも重要なタクソンであると同時に実用性のあるタクソンである．

属名は２文字以上の１つの単語によって示される．用語はギリシア語，ラテン語，日本語，英語など何を用いてもよいし，合成語（近代ラテン語とよぶ）でもよい．しかし，規定に即して発表された属名はラテン語の名詞と看做される．ラテン語の名詞であるから，男・女・中性の性(gender）の区別が生じる．従って命名者（発表者）はその性を明示せねばならない．

属名の性は，一般に，-us に終わるものは男性，-a に終わるものは女性，-um に終わるものは中性である．また，-oides とか -odes（〜に似たもの，の意）に終わる属名は男性である．しかし，この語に終わる植物の属名は女性である．この動物学と植物学の違いはしっかり覚えておかねばならない．

また，-on に終わる場合は一般に中性とされるが，実は男性もあれば女性もある．

なお，属名の性と形容詞の種小名との関係については，下記の第４節を見られたい．

第３節　種小名について

第１項　種小名は属名に従属する

種小名は属名に従属する．属名は単独で存在しうるが，種小名は単独では存在し得ない．従属する，ということは，種小名が以下の形で属名と結合する，ということである．国際動物命名規約（2000）によれば，種小名は以下の条件のどれかに合致せねばならない．

（１）単数主格の形容詞または分詞．

（２）属名と同格におかれた単数主格の名詞．

（３）属格の名詞．

（４）寄生または共生に関係する相手の種小名の属格．

現実には，これらの条件をクリアーしたさまざまな表現の種小名が入り混じっているから，初級者はまごつくのである．実例を示そう．

第２項　種小名の実例，ヒメハマキガ属（蛾）の場合

昆虫の仲間にハマキガとよばれる１群の蛾がいて，ハマキガ科という大きな科を形成している．漢字で示せば葉捲蛾で，幼虫が葉を捲いて中に潜んでいるからである．大きな科というのは，その科に含まれる種数が多い（属数も多い）ということである．同様に大きな属というのは，その属に含まれる種数が多いことを言う．

ハマキガ科にヒメハマキガ亜科があり，そのなかにオレトレウテース *Olethreutes* という属があり，イギリスには13種，日本には34種が知られる．いま，『日本産昆虫総目録』によって，日本産の種小名を列挙して

図１．ウツギヒメハマキ（上）とクワヒメハマキ（下）．

みよう．

なお，この属名の意味はギリシア語で〈破滅させるもの〉という意味．olethros（破滅）に由来する．

Olethreutes aurofasciana コケキオビヒメハマキ

O. bipunctana シロマダラヒメハマキ

O. cacuminana ツヤスジウンモンヒメハマキ

O. captiosana モンギンスジヒメハマキ

O. castaneana クリイロヒメハマキ

O. dolosana ウスクリモンヒメハマキ

O. doubledayana クローバヒメハマキ

O. electana ウツギヒメハマキ（図１，上）

O. examinata オオツヤスジウンモンヒメハマキ

O. exilis マダラチビヒメハマキ

O. fasciatana アミメヒメハマキ

O. flavifasciana キオビヒメハマキ
O. humeralis キオビキマダラヒメハマキ
O. hydrangeana ゴトウズルヒメハマキ
O. ineptana イヌエンジュヒメハマキ
O. lacunana ミヤマウンモンヒメハマキ
O. metallicana bicornutana ホソギンスジヒメハマキ
O. milichopis 和名なし
O. moderata ナツハゼヒメハマキ
O. mori クワヒメハマキ（図1，下）
O. morivora コクワヒメハマキ
O. obovata クリオビキヒメハマキ
O. orthocosma コクリオビクロヒメハマキ
O. plumbosana ニセギンボシモトキヒメハマキ
O. pryerana キスジオビヒメハマキ
O. schulziana タカネナガバヒメハマキ
O. semicremana ウワズミヒメハマキ
O. siderana ギンボシモトキヒメハマキ
O. subelectana ニセウツギヒメハマキ
O. subretracta ナミスジキヒメハマキ
O. subtilana コモンギンスジヒメハマキ
O. tephrea トドマツハイモンヒメハマキ
O. transversana オオクリモンヒメハマキ
O. tsutavora ツタキオビヒメハマキ

第3項　ヒメハマキガの種小名の検討

（1）はじめに知っておきたいこと

上述のように，種小名の第1の条件は，単数主格の形容詞であることである．しかしこの単数にはあまりこだわる必要はない．大事なことは，その単語が，名詞であるか形容詞であるかを知ることである．ラテン語辞典をみて確かめる必要がある．

辞書における名詞と形容詞の表示

名詞は，例えば histrio，-onis，*m* 役者，俳優と示してある．histrio が単数主格の名詞，-onis はその属格 histrionis の語尾，*m* は男性を示す．

このように，名詞には必ずその属格の語尾と性（*m* は男性，*f* は女性，*n* は中性）が示してある．

形容詞は adj と表示され，その語尾変化が示してある．例えば -us に終わる形容詞 auratus（金の，金で飾られた）には -a，-um，*adj* と示してある．auratus は男性形で，-a は女性形，-um は中性形である．*adj* は形容詞という意味で，英語の adjective あるいはラテン語の adjectivum の略語であることはいうまでもない．

また，-is に終わる形容詞（例えば amabilis 愛すべき）の語尾は -is，-e，*adj* と示してある．この形容詞（*adj*）の男性形は amabilis，女性形も amabilis，中性形は amabile であることが示されている．

また，pulc(h)er（美しい）には，-c(h)ra，-c(h)rum，*adj* と示してある．この語の変化は男性形が pulcer または pulcher，女性形が pulcra または pulchra，中性形が pulcrum または pulchrum であることが示されている．

新種名を考案するときは，ラテン語辞典や語源辞典を大いに活用せねばならない．

（2）ヒメハマキガの種小名の意味

上記の34の種小名の意味とその造語法を説明する．発音を（　）内に付記した．

aurofasciana（アウロファスキアーナ）ラテン語で，金色の帯のある，の意．auro- 金の＋ fascia 帯＋接尾辞 -ana 所有を示す．

bipunctana（ビプンクターナ）ラテン語で，２つの斑点のある，の意．bi- ２つの＋ punctum 斑点＋接尾辞 -ana 上述．（注）普通は bipunctatus あるいは bipunctata と用いられる．

cacuminana（カクミナーナ）ラテン語で，cacumen（連結形 cacumini-）先端，頂点＋接尾辞 -ana.

captiosana（カプティオサーナ）ラテン語で，captiosa き弁，屁理屈＋接尾辞 -ana.

castaneana（カスタネアーナ）ラテン語で，castanea 栗色＋接尾辞 -ana.

dolosana（ドロサーナ）ラテン語の形容詞 dolosus 悪だくみの，欺瞞の＋接尾辞 -ana.

doubledayana イギリスの昆虫学者 H. Doubleday（1809～1875）に因む．接尾辞 -ana は前に同じ．（注）人名由来の学名はその人名の発音どおりの発音をする．この場合は（ダブレデイアーナ）となる．

electana（エレクターナ）ラテン語で，electus 選ばれたもの，精鋭＋接尾辞 -ana.

examinata（エクサミナータ）ラテン語の形容詞 examinatus の女性形，慎重な，審査された.

exilis（エクシリス，またはエックシリス）ラテン語の形容詞 exilis やせた，乏しい．語尾変化は，-is，-is，-e.

fasciatana（ファスキアターナ）ラテン語の形容詞 fasciatus 帯状の＋接尾辞 -ana.

flavifasciana（フラウィファスキアーナ）ラテン語で，flavifascia 黄色い帯＋接尾辞 -ana.

humeralis（フメラーリス）ラテン語の形容詞で，肩の.

hydrangeana（ヒュドランゲアーナ）ラテン語で，ツルアジサイ（ゴトウヅル）の．*Hydrangea* 属＋接尾辞 -ana．ツルアジサイの語源はギリシア語で〈水の容器〉．hydro- ＋ angeion.

ineptana（イネプターナ）ラテン語の形容詞 ineptus 役に立たない＋接尾辞 -ana.

lacunana（ラクーナーナ）ラテン語の女性名詞 lacuna くぼみ，穴＋接尾辞 -ana.

metallicana（メタッリカーナ）ラテン語の形容詞 metallicus 金属の＋接尾辞 -ana.

milichopis（ミリコピス）ギリシア語由来の複合語で穏やかな容貌の＜meilichos ＋ ōps.

moderata（モデラータ）ラテン語の形容詞 moderatus の女性形，適度の.

mori（モリ）ラテン語の morus の属格で，桑の.

morivora（モリウォラ）近代（ラ）桑を食べる．morus（桑）＋（ラ）voro がつがつ食べる.

obovata（オボウァータ）ラテン語で，ob- ～の前に，～の方へ＋ ovatus 卵形の.

orthocosma（オルトコスマ）ギリシア語で，orthos 直立した，真っ直ぐな＋ kosmos 秩序，飾り.

plumbosana（プルムボサーナ）ラテン語で，plumbosus 鉛を含む＋接尾辞 -ana.

pryerana（プライアーアーナ）イギリス人の蝶蛾の研究者ヘンリー・プライアー Henry Pryer（1888没）に因む．接尾辞 -ana．日本初の蝶類図説を刊行．墓は横浜外人墓地にある.

schulziana（シュルチアーナ）Shulz 氏に因む．詳しいことは不明．
semicremana（セミクレマーナ）ラテン語で，semi- 半分の＋ cremo 焼く＋接尾辞 -ana.
siderana（シデラーナ）ラテン語で，sidero- 星の＋接尾辞 -ana.
subelectana（スブエレクターナ）ラテン語で，sub- 亜＋ electus 選りすぐりの，選ばれた＋接尾辞 -ana.
subretracta（スブレトラクタ）ラテン語で，sub- 亜＋ retracta（retractus の女性形）引っ込んだ．
subtilana（スブティラーナ）ラテン語で，subtilis 細い，精巧な＋接尾辞 -ana.
tephrea（テプレア）ギリシア語で，tephros 灰色の＋接尾辞 -ea（-eus の女性形）行為者を示す．
transversana（トランスウェルサーナ）ラテン語で，transversus 斜めの，横断する＋接尾辞 -ana.
tsutavora（ツタウォラ）近代（ラ）日本語のツタ（植物）＋（ラ）voro むさぼり食う．

（3）ヒメハマキガの種小名の特徴

ヒメハマキガの種小名34種の命名者は外国人13名，日本人３名の計16名である．それらの人たちが自由気儘に命名した結果が，上記の通りであるが，全体として，非常に特徴的なことがある．

（１）圧倒的にラテン語由来が多く，ギリシア語由来は２例にすぎない．

（２）ラテン語由来は１例を除いてすべて形容詞であるが，語尾が -ana（-anus の女性形）に終わるものが圧倒的に多く，６割をしめていることである．これは最初に bipunctana と1794年に命名した著名な昆虫学者 Fabricius に〈右へならえ〉したもののようである．

（３）紛らわしい単語が１つだけある．すなわち *mori*．この語はラテン語の女性名詞 morus（桑，桑の木）の属格であるが，日本語の森ともとれる．

（４）日本語とラテン語の混成名が２つある．すなわち *morivora* と *tsutavora* である．このような日本語とラテン語，あるいはラテン語とギリシア語との混成の学名は好ましくないが，現実には実にたくさん存在している．

第4節　属名の性と形容詞の種小名

手にしている新種が，どの属に所属するのかはすでに承知している．しかし，その属の性（gender）は何か，それを確認せねばならない．属名の性は形容詞の種小名の語尾の形を支配するからである．属名の性には男性（masculine，*m* と略す），女性（feminine，*f* と略す），中性（neuter，*n* と略す）の区別がある．

属名の性を判定するのは非常にややこしいが，実は簡単に見抜ける法の1つとして，語尾が -us に終わるものは男性，語尾が -a に終わるものは女性，語尾が -um に終わるものは中性と判断してよい．但し例外もあるので，常に辞書をみることが必要である．このほかの場合は慎重な調査が必要である．その属に既知種が多く，それらの形容詞の語尾をみて，その属の性を判定することもあり得る．

種小名は，既述のように，（1）名詞，（2）名詞の属格（～の，という意味）か（3）形容詞に限られる．名詞であれば，その性はどれでもよい．属名と同格におかれたもの，と判定されるからである．形容詞であれば，その語尾は属名の性に一致せねばならない．

例えば，「愛らしい，美しい」というラテン語には，amabilis，bellus，pulcher，speciosus，venustus ほかがある．これらのラテン語の語尾変化は辞典に示してある．重複をいとわず解説する．例えば，amabilis の変化は辞書に〈-is，-e，*adj*〉とある．これは男性形が -is，女性形が -is，中性形が -e と読む．*adj* とはもちろん形容詞（adjective）を示す．

語尾が -us に終わる形容詞（例えば bellus）はラテン語には多い．bellus の語尾変化は辞書に示してあるように -us，-a，-um である．

語尾が -is や -us に終わるもの以外の形容詞例えば pulcher などの変化（上述）には注意がいる．

さて，例えば甲虫のマイマイカブリ *Damaster*（発音ダマステル）に新種を発見したので〈美しい（もの）〉と表現したいとすれば，属名は男性であるから，新種小名は *amabilis*，*bellus* あるいは *pulcher* となる．しかし，同じ甲虫のハンミョウ *Cicindela* では，属名は女性であるから，〈美しい，愛らしい〉という種小名は *amabilis*，*bella* あるいは *pulchra* となる．新種の命名には，このような形容詞の語尾の変化がたちどころに思い出せるような知識が必要である．

属名の性の判別で特に注意すべきは -on に終わるものである．一般に -on に終わる属名は中性と思われているが，実は男性もあれば女性もある．詳しくは下記の論文を参照されたい．

平嶋義宏（1994）属名における性の研究（1）-on に終わる動物と植物の属名．宮崎公立大学人文学部紀要，2(1): 69-84.

第5節 ホモニム（異物同名）は避けねばならない

同じ属名のなかに同じ種小名がある場合の名をホモニム（homonym）異物同名という．当然新しい方の種小名は変更せねばならない．種類数の少ない小さい属ではホモニムは起こり得ないが，大きな属で外国産の種類も多いというような場合には新種の命名に注意が必要である．

紛らわしい名称に**シノニム（synonym）同物異名**がある．これは分類学上の問題である．A と B が同種か否か，別種であれば別々に名前がつく，同種であれば名前は1つ，ということである．シノニムは分類学上の手順によって整理される．

第3章　造語法の基礎的知識

第1節　接頭辞，接尾辞，縮小辞の活用

既存の学名に，適当な接頭辞，接尾辞や縮小辞をつけて新名を作る手法は動物学界では広く行われている．例えば大陸産のヒメハナバチの1種 *Andrena thoracica* に近似の日本産の種類が発見されたので，*Andrena parathoracica* と命名された．和名をオオムネアカヒメハナバチ（別称ムネアカハラビロヒメハナバチ）という．

第1項　接頭辞 prefix の活用

接頭辞（接頭語）は名詞，形容詞，動詞の前におかれて，その意味を強めたり，意味を添えたり，語調を整えたりするものである．かなりの種類がある．新しい種小名を作るときに活用できる．例えばギリシア語の amphi-（両側に，周りに），ana-（上に），ラテン語の contra-（～に反して），dis-（分離）など．造語の例に，

amphibios 両棲の＜ amphi- + bios 生命．Amphibia 両生綱（カエルほか）．

anablepō 見上げる＜ ana- + blepō 見る，目をむける．*Anableps anableps* ヨツメウオ（魚）．後節は（ギ）ōps（眼）に関連．この学名は珍しいトートニム．

concolor 同じ色の＜ con- + color 色．*Hister concolor* クロエンマムシ（甲虫）．属名：（ラ）俳優．

dissimilis 同じでない＜ dis- + similis 似ている．*Turdus dissimilis* ムナグロアカハラ（鳥）．属名：ツグミのラテン語名．

接頭辞は，既存の属名や種小名を利用するときに特に役に立つ．例えばヒメハナバチ属 *Andrena* の1亜属に *Euandrena* がある．（ギ）eu- よい，真の．このように当面の属名に接頭辞を付して造語された亜属名は多い．この属名は（ギ）anthrēnē（スズメバチ）の綴り変え．また，新種名を作る場合も同様である．例えば上述のように *Andrena thoracica*

の近縁種にムネアカハラビロヒメハナバチ *Andrena parathoracica* がある．（ギ）para-（側に，近くに）は学名によく見受けられる接頭辞である．

接頭辞の種類

いくつかの例を示せば以下の通り．（ラ）はラテン語，（ギ）はギリシア語を示す．

（ギ）a-，an- 否定または強意（このように相反する意味があるのに注意）．否定の例：apteryx 翼のない．*Apteryx* キーウィ（鳥）．ニュージランド産の無翼の珍鳥．強意の例：a・pantelēs 完全無欠な．*Apanteles* サムライコマユバチ（寄生蜂）．

（ラ）ab- から，より．（ギ）apo- に相当．ab・normis，is，e 異常な．

（ギ）aga- 非常に．aga・kleitos 非常に有名な．*Agaclitus* アガクリトゥス（外国産の昆虫）．

（ギ）ana- 上に．ana・bainō 上にあがる，登る．*Anabas* アナバス（キノボリウオ）（魚）．水槽用愛玩魚．

（ラ）ante- 前に（場所），以前に（時間）．*Antedon* トゲバネウミシダ（棘皮動物）．ante- +（ギ）odōn 歯

（注）a.m.：ante・meridiem 午前に．meridies 正午．
p.m.：post・meridiem 午後に．

（ギ）anti- 向かい合って，対抗して．anti- + echinos ハリネズミ．*Antechinos* アンテキヌス（有袋類）．（注）母音の前では ant- となる．

（ギ）apo- 離れて．apo- + kritos 分離された．Apocrita 細腰亜目．スズメバチ，ミツバチなど胸部と腹部が明瞭に分かれている高等な蜂のグループ．これに対し，原始的なハバチ類を Symphyta 広腰亜目という．（ギ）sym-phytos 1 つに結びついた．胸部と腹部が幅広くつながっているため．

（ギ）ari- 大いに，はなはだ．ari- + xenios 友愛の．*Arixenia* ヤドリハサミムシ（昆虫）．コウモリの皮膚に寄生する珍奇な昆虫．（注）xenios には異国の，という意味もある．そこでこの属名の意味は〈非常に風変りな虫〉ともとれる．

（ギ）auto- 自身の，独立して．auto-molos 自分の意志で行動する，脱走する．*Automolus* ハシブトカマドドリ（鳥）．

（ギ）kata-（cata- とラテン語化）下へ．ときに強調．強調の例：kata- + ponēros 苦労の多い．*Cataponera* セレベスツグミ（鳥）．非

常に採りにくい鳥，の意．

（ラ）con- 共に，一緒に．（ギ）syn- に相当．con・color 同じ色の．*Nicrophorus concolor* クロシデムシ（甲虫）．属名：（ギ）nekrophoros 死体を埋葬する．1字違いの造語．

（ギ）dia- 分離，対立を示す．dia・krinō 分離する．ときに強調．dia・kenos 全くうつろな．

（ギ）dys- 困難，不快，劣悪．dys・genēs 生まれの卑しい．*Dysgena* ディスゲナ（外国産の甲虫）．

（ギ）endo- 中に．endo- ＋ klytos 名高い．*Endoclyta* コウモリガ（蛾）．

（ギ）epi- ～の上に．epi- ＋タイワンヒグラシ属 *Pomponia*（ローマ人の氏族名に因む）．*Epipomponia* セミヤドリガ（蛾）．幼虫がヒグラシやアブラゼミなどの体内に寄生する珍奇な蛾．

（ギ）eri- 意味を強める．eri- ＋ gorgos 恐ろしい．*Erigorgus* エゾコンボウアメバチ（寄生蜂）．

（ギ）eu-（母音の前で ev-）よい，真の．eu- ＋ *Balaena*（ホッキョククジラ属）．*Eubalaena* キタセミクジラ属（鯨）．（ラ）balaena クジラ（鯨）．ev- に変化した例：*Yponomeuta evonymellus* サクラスガ（蛾）．属名：地下の坑道で働く人（ギ）hyponomeutēs を女性形に造語したもの．スガの習性（幼虫が葉の中に潜る）を表現．種小名：名誉ある，評判の（ギ）euonymos ＋縮小辞 -ellus.

（ギ）hemi- 半分．hemi・pteros 半ば翅のある．Hemiptera 半翅目（昆虫）．

（ギ）hyper- ～の上に．hyper-boreos 北方の．*Bombus hyperboreus* ホッキョクケブカマルハナバチ（花蜂）．属名：（ギ）bombos ぶんぶんいう音．

（ギ）hypo- 下に．hypo・derma（皮膚）．*Hypoderma* ウシヒフバエ（昆虫）．幼虫が牛の皮膚下に寄生するハエの1種．

（ラ）in- 否定，非，無．il-，im-，ir- と変化する．in・ornatus 飾りのない；il・lotus 洗っていない，不潔な；im・maculatus 斑点のない；ir・regularis 不規則な．

（ラ）inter- の中に，～の間に．inter・medius 中間の．

（ギ）meta- と共に，の後に．metabolē 変えること．Metabola 変態類（昆虫）．植物にメタセコイア（アケボノスギ）*Metasequoia* あり．meta- ＋ *Sequoia*（セコイア属）．アメリカインディアン人の学者 Sequoya に因む．

（ギ）opistho- 後方に，後ろで．opistho・pous 後ろに従う．*Opisthpus* オピストプス（外国産甲殻類）．

（ギ）para- 傍らに，近くに，並んで．（上述）．para- + *Liparis*（クサウオ属）＜（ギ）liparos 油で光っている，つややかな．*Paraliparis* インキウオ属（魚）．

（ラ）per- 非常に．persimilis 非常によく似た．*Bembidion persimile* ハネビロミズギワゴミムシ（甲虫）．属名：（ギ）bembix 独楽；ぶんぶんいう昆虫＋縮小辞 idion．動きのすばやい昆虫，の意．属名は中性．故に形容詞の種小名も中性形．

（ギ）peri- の周りに．peri・planēs さまよい歩く．*Periplaneta* ワモンゴキブリ（昆虫）．語尾の -eta は行為者を示す．

（ギ）peri- 非常に．peri・charēs 非常に喜ぶ．*Perichares* セセリチョウ（蝶）の１種（外国産）．（注）上記の peri- と綴りは同じであるが意味は異なることに注意．

（ラ）post- ～の後ろに．（ギ）meta- に相当．post・maculatus 後ろに斑紋のある．*Clerus postmaculatus* ムナビロカッコウムシ（甲虫）．属名：（ラ）聖職者．

（ラ）pro- ＝（ギ）pro- 前に．pro・mēthēs 先見の明ある．*Promethes* ヒラタアブヤドリヒメバチ（寄生蜂）．

（ラ）retro- 後方へ，逆に．retro・versus 後ろ向きの．*Tenthredo retroversa* アラスカハバチ（昆虫）．属名：（ギ）tenthrēdōn ハチ（蜂）の１種．語尾の１字をカットした造語．

（ラ）semi- 半分．（ギ）hemi- に相当．*Malacoptila semicincta* チャエリオオガシラ（鳥）．属名：（ギ）柔らかい（malakos）羽毛の（ptilon）．種小名：（ラ）（首の）半分に帯のある（-cincta）．

（ラ）sub- 下に，やや，～に近い．*Ploceus subaureus* コガネハタオリ（鳥）．属名：（ギ）巣を編む鳥，の意．種小名：（ラ）金色に近い．その他用例は非常に多い．（注）この語は，同化により，s の前では suc-（suc・cinctus 帯をしめた），f の前では suf-（suf・frigidus やや冷たい），g の前では sug-（sug・grandis やや大きな），m の前では sum-（sum・mergo 沈む），p の前では sup-（sup・pinguis いくらか肥えた）となる．

（ラ）supra- 上に，越えて．（ギ）hyper- に相当．*Chorthippus supranimbus* ホンシュウクモマヒナバッタ（昆虫）．属名：（ギ）

choros 踊り＋（ギ）orthos 直立した＋（ギ）hippos 馬．難解な属名．種小名：（ラ）非常な土砂降りの．こちらも難解な学名．

（ギ）syn- 共に，一緒に．*Synapta maculata* オオイカリナマコ（ナマコ綱）．属名：（ギ）syn・aptos 結び合わせた．種小名：（ラ）maculatus 斑点（斑紋）のある．

（ラ）trans- ～を越えて，横切って．*Mantispa transversa* ヤエヤマヒメカマキリモドキ（昆虫）．属名：（ギ）mantis 予言者，ウスバカミキリ．語尾は適宜に加えたもので，特に意味はない．種小名：（ラ）trans・versus 斜めの，横断する．

（ラ）ultra- 越えて，向こう側に．*Favonius ultramarinus* ハヤシミドリシジミ（蝶）．属名：（ラ）春に吹く西風，西風の神．種小名：（ラ）海を越えて．転じて欧州人が海外から輸入した青金石とその色をいう．ミドリシジミの美しさを譬えたもの．

（ギ）za- 強調．*Zadontomerus* ザドントメルス（花蜂）．アメリカ産 *Ceratina* の 1 亜属．Za- odonto- 歯（棘）の＋ mēros 腿，腿節．*Ceratina* の語源：（ギ）keratinos 角（つの）製の．

第２項　接尾辞 suffix の活用

接尾辞とはある語の末尾に添えて，意味を加えるものである．種類も多く，新しい種小名を作るときに活用される．主なものを示す．ラテン語が多い．

（ラ）-abilis，is，e．形容詞を作る．～に関して．amabilis 愛らしい；mirabilis 驚くべき；mutabilis 変わりやすい；variabilis 変化のある，変化しやすい．

（ラ）-acus，a，um 形容詞を作る．～に属する．aurantiacus 橙黄色の：austriacus オーストリアの；cardiacus 胃の，心臓の；meracus まじりけのない，薄められていない，merus（純粋な）に由来．

（ラ）-ago 類似や状態を示す．*Gallinago* タシギ属（鳥）．（ラ）gallina めんどり．*Andrena fulvago* キイロヒメハナバチ（花蜂）．属名：（ギ）anthrēnē スズメバチ．種小名：（ラ）fulvus（黄褐色の）に由来．

（ラ）-alis，is，e 形容詞を作る．所属や関係を示す．abdominalis 腹の，腹に特徴のある；basalis 基部の；centralis 中央の；dorsalis 背の；glacialis 氷の，氷のような．

（ラ）-aneus, a, um 形容詞をつくり，類似を示す．membraneus 羊皮紙の；subterraneus 地下の．

（ラ）-ans 動詞の現在分詞の語尾．行為を示す．fragrans 香りのよい；irritans 刺激する．*Pulex irritans* ヒトノミ（蚤）．秀逸な学名．（ラ）pulex ノミ．*Pteromys volans* エゾモモンガ（ネズミ目）．属名：（ギ）翼のある（ptero-）ネズミ（mys）．種小名：（ラ）volo（飛ぶ）の現在分詞．

（ラ）-anus, a, um 形容詞を作り，所有を示す．地名や人名にも用いられる．formosanus 台湾の；rusticanus 田舎の，農夫．*Sieboldiana* シーボルディアーナ 外国産両生綱の1種．ドイツの医者・博物学者シーボルト P. von Siebold（1866没）に因む．文政6年（1823）に長崎のオランダ商館の医師として来朝，6年間滞在し，日本の医学・博物学の進歩に大きく貢献した．

（ラ）-aris, is, e = -alis, is, e 形容詞を作る．所属や関係を示す．mandibularis 大顎の；stellaris 星の；obsidionalis 包囲の．

（ラ）-ator（女性形 -atrix）行為者を示す．imitator 及び imitatrix 模倣者；investigator 及び investigatrix 探究者．

（ラ）-atus, a, um 形容詞を作る．所有や類似を示す．capitatus 頭のある；lunatus 三日月形の．

（ラ）-bilis, is, e 動詞から形容詞を作る．可能性や能力を示す．flexibilis 曲げやすい，変わりやすい；sensibilis 感覚を有する．

（ラ）-cola 男性名詞を作る．～の住人，の意．agricola 農夫；monticola 山地の住人．

（ラ）-ensis, is, e = -iensis, is, e ～に属する．地名に多く，まれに人名．hortensis 庭園の；nipponensis 日本の；satsumensis 薩摩（鹿児島県）の．

（ラ）-eus, a, um 形容詞を作り，類似を示す．arboreus 樹木の，樹上の；litoreus 海岸の，海岸に住む．

（ラ）-fer, fera, ferum 形容詞を作り，所有を示す．aurifer 金をおびる；lucifer 光をもたらす．

（ラ）-formis, is, e 形容詞を作る．～の形の．bombiformis マルハナバチ *Bombus* のような；tipuliformis ガガンボ *Tipula* のような．
（注）（ギ）bombos ぶんぶんいう音．（ラ）tipula 水上をすばやく走る昆虫．

（ラ）-icus, a, um 形容詞を作る．～に属する．ellipticus 楕円形の；

indicus インドの；japonicus 日本の；nipponicus 日本の；tropicus 回帰線の，熱帯の．

（ラ）-inus，a，um 形容詞を作る．所有や類似を示す．alpinus アルプス山脈の，山の；equinus ウマの；marinus 海の，航海の．

（ラ）-ior，-ior，-ius 形容詞の比較級の語尾．**特に中性形の形に注意**．brevis（短い）の比較級（より短い）は brevior（男・女性形），brevius（中性形）となる．

（ラ）-issimus，a，um 形容詞の最上級の語尾．ingens（巨大な）の最上級は，ingentissimus（男性形），ingentissima（女性形），ingentissimum（中性形）となる．（注）ingens の属格は ingentis．故に連結形は ingent- となる．

（ギ）-ites 男性名詞の語尾．所属や特徴を示す．動物化石の属名に多い．†*Ceratites* ケラティテス（菊石類の1種，アンモナイト亜綱）．（ギ）keras, keratos 角（つの）．†*Clydonites* クリュドニテス（菊石類の1種，アンモナイト亜綱）．（ギ）klydōn 大波．

（ラ）-itus，a，um 形容詞を作る．～に関して，～の性質の．nigritus 黒くなった；politus 磨かれた；vestitus 着飾った．

（ラ）-ius，a，um 形容詞の語尾．lusorius 戯れの，ふざけた；natalicius 誕生（日）の；necessarius 必然の，必要な．

（ギ）-ōdēs 類似を示す．*Diphyllodes magnificus* ミノフウチョウ（極楽鳥）．属名：2つの（di-）葉のような（phyllōdēs）．種小名：（ラ）華麗な．

近代（ラ）-oides ～に似たもの＜（ギ）o-eidēs ～の形の．*Ampelioides* ウロコカザリドリ（鳥）．カンムリカザリドリ *Ampelion* + oides. 甲虫に *Phallodes cyrtusoides* アシナガマルケシキスイあり．属名：（ギ）男根（phallos）+ -ōdēs（前出）．種小名：（ギ）弓状に曲った＜ kyrtos + -oides.

近代（ラ）-oideus，a，um ～の形の．*Aphobetoideus* アフォベトイデウス（外国産の蜂の1種）．ハチの1種 *Aphobetus* に似たもの．（ギ）aphobētos 恐れない，大胆な．*Helophilus eristaloideus* ケブカアシブトハナアブ（昆虫）．属名：（ギ）沼地を好むもの＜ helos + phileō. 種小名：ハナアブの1種 *Eristalis* + -oideus.（ラ）宝石の1種 eristalis のように美しいアブ，の意．

（ギ）-ōma 中性名詞の語尾，～になったもの．*Pteroma* ツリガネミノガ（蛾）．羽をもったもの，の意．（ギ）pteron 羽毛，翼，翅．

近代（ラ）-phagus, a, um ～を食べる．*Dendrophagus* ヒメヒラタムシ（甲虫）．（ギ）木（dendron）を食べる虫，の意．*Myrmecophaga* オオアリクイ（貧歯類）．（ギ）アリ（myrmēx）を食べるもの．

近代（ラ）-philus, a, um ～を愛する．*Ammophila* ヤマジガバチ（狩人蜂）．（ギ）砂（砂地）を好むもの，の意．この仲間は砂地に営巣する．*Limnephilus* ミムラトビケラ（昆虫）．（ギ）沼沢地（limnē）を好むもの．

近代（ラ）-phorus, a, um ～を持つ．*Electrophorus electricus* デンキウナギ（魚）．属名：（ギ）電気を帯びたもの＜ elektron 琥珀．琥珀をこすると電気が生まれる．種小名：近代（ラ）電気を帯びた．

（ギ）-tēs 行為者を示す．男性．*Dynastes hercules* ヘラクレスオオカブトムシ（甲虫）．世界最大の甲虫で人気がある．属名：（ギ）君主，支配者．種小名：ギリシア神話中最大の英雄ヘーラクレース．*Hydrobates pelagicus* ヒメウミツバメ（鳥）．属名：（ギ）水（hydro-）を行く者（batēs）．種小名：（ラ）海の，外洋の．

第３項　縮小辞 diminutive の活用

縮小辞は接尾辞の１種であるが，よく用いられるものであるから，主要なものをここに一括して説明する．

（ラ）-aster（男性），-astra（女性），-astrum（中性）．parasitaster 食客，いそうろう＜ parasita 食客．*Parasitastes* 紐形動物の１種．語尾の -es は -er と同義．*Crepidiastrum* アゼトウナ（植物，キク科）．フタマタタンポポを *Crepis* という．ある植物のギリシア名 krēpis より．植物学では -aster, -astra, -astrum を品質の劣るもの，と解釈している．

（ラ）-culus（男性），-cula（女性），-culum（中性）．monticulus 小山＜ mons 山．pediculurs 小さなシラミ＜ pedis シラミ．pedicularis シラミの．*Sepedophilus pedicularius* ヒメキノコハネカクシの１種（甲虫）．属名：（ギ）腐敗物をこのむもの＜ sēpedōn 腐敗＋ -philus ～を好む．

（ラ）-ella 多用される縮小辞．名詞及び形容詞を作る．*Isodontia nigella* コクロアナバチ（狩人蜂）．属名：（ギ）等しい歯（突起物）のある．種小名：やや黒い．niger 黒い．*Esakiella* アメンボの１種（昆虫）．九州大学教授（故）江崎悌三博士に因む．世界的な昆虫学者で，語学に秀で，博学，博識であった．

（ギ）-idion ＝（ラ）-idium．*Bembidion* ミズギワゴミムシ（甲虫）．bembix（独楽）の縮小形．よく動き回るもの，の意．*Cymbidium* シュンラン（植物，ラン科）．小舟（小さい杯）のような，の意．（ギ）kymbē（キュムベー）杯，舟．唇弁の形から．園芸家はシンビジウムと呼ぶ．

（ラ）-illa．女性名詞を作る．*Amegilla* アオスジコシブトハナバチ（花蜂）．（ギ）a- 強意＋ megas 大きな＋ -illa．*Mutilla* ミカドアリバチ（蜂）．（ラ）mutilo 切断する，不具にする＋ -illa．

（ラ）-illus．男性名詞．*Bacillus* バシラス菌（細菌）＜ bacillus 小さな棒．ラテン語読みの発音：バキッルス．

（ギ）-ion ＝（ラ）-ium．*Ichthydion* イクテュディオン（外国産甲虫の１種）．小さい魚（ichthys）の意．-idion については上記参照．

（ラ）-ium．中性名詞．*Agrobacterium* アグロバクテリウム属（細菌）．（ギ）agros 野＋（ラ）bacterium 細菌，バクテリア．典型的な混成名．

近代（ラ）-iscus．（ギ）-iskos 由来．*Aeoliscus* ヘコアユ（魚）．（ギ）aiolos 敏捷に動く＋ -iskos．*Asteriscus* アステリスクス（棘皮動物）．（ギ）astēr 星．

（ラ）-ola．araneola 小さなクモ＜ aranea クモ．areola 小さな空き地＜ area 空き地．

（ラ）-ula．女性名詞．aquula ＝ aquola 小川，細流．*Campanula* ホタルブクロ（植物）．campanula ＝ campanella 小さな鐘．

（ラ）-ulus．男性名詞及び形容詞．amiculus 親友＜ amicus 友人．parvulus, a, um 非常に小さい．*Nycteribia parvula* コヘラズネクモバエ（昆虫）．属名：ミゾコウモリ *Nycteris* に寄生して生きるもの，の意．（ギ）nykteris コウモリ．

（ラ）-unculus 男性名詞．homunculus ＝ homullus 小人物，つまらぬ奴＜ homo 人，人間．*Pipunculus* アタマアブ属（昆虫）．（ラ）pipo 鳴く．かすかに羽音を立てて飛ぶ虫．

第2節　複合語（合成語）の作り方

第1項　複合語（合成語）とは

学名は，単一語からできているもの，例えばミツバチ *Apis*，ヒト *Homo*，スズメ *Passer* などは珍しく，大半が2語ないし3語を連結した複合語（合成語，以下複合語という）である．例えば接頭辞をつけたもの，あるいは縮小辞をつけたもの，形容詞と名詞を結合したもの，などいろいろである．複合語が存在する限り，学名は無数に作ることができる．これが古典語（ラテン語とギリシア語）を主体とする学名（動物，植物とも）の強みである．

第2項　複合語の作り方の一般的な注意

複合語は種名や属名を問わず学名には普通に見られるものである．従ってその作り方には広い知識が必要である．

先ず，注意事項として，以下の4点をあげておきたい．

（1）混成名を避ける

複合語の学名を作るときに最も注意すべきは，ラテン語とギリシア語，あるいはラテン語と日本語を結合したもの（混成名あるいは混血名，以下混成名という）を作らぬことである．しかし，既存の学名にはこの混成名は多い．これは命名規約ができる前に命名されたものが多いが，最近でも作られている．現行の命名規約では禁じられてはいないが，模倣すべきでない．ラテン語とギリシア語ははっきり区別すべきである．また，怪しいときには必ず辞書あるいは参考書にたよるべきである．

（2）ラテン語とのみ，ギリシア語とのみ結合する語

接頭辞の sub- は必ずラテン語と結合すべきである．また，-oides，-odes，-opsis などはギリシア語とのみ結合すべきである．

また，ギリシア語の pseudo-（偽の）はギリシア語とのみ結合すべきである，と言われている．この用例は属名に多い．しかし，私はこの語の使用は推奨しない．理由は簡単である．生物には〈似たもの〉は多いが，〈偽物〉は存在しないからである．

（3）語幹と接続母音

複合語の場合，連結する語の語幹を知ることが必要である．語幹とは，その語の属格から語尾を取り去ったものである．例えば〈沼地の隣人〉という意味の属名を作りたいとすれば，沼地 telma と隣人 geiton をいきなりくっつけて telmageton とすることはできない．前節には沼地 telma の語幹に由来する連結形を用いねばならない．

では，その語幹と連結形をどうして求めるか．まず，辞書をひいてその属格の形を知らねばならない．telma の属格は辞書に telmatos と示してある．その語尾 -os を除いた telmat- がその語幹である．

これに接続母音 o（あるいは i）をつけて，telmato- ができる．すなわち telmatogeton という造語ができる．これがすなわちイソユスリカの属名 *Telmatogeton* である．

（4）接続母音をとらないもの

ギリシア語のなかには複合語を作る場合に接続母音をとらないものがある．例えば polys（多い）もその１つ．*Polyergus* サムライアリ（蟻），*Polygraphus* ヨツメキクイムシ（甲虫）など．前者は（ギ）poly・ergos 骨身を惜しまず働く．サムライアリは自分たちは労働をせず，クロヤマアリの巣を集団で襲い，蛹をかっぱらってきて，生まれてきたアリを奴隷として働かせるのである．上述のヨツメキクイムシの属名は（ギ）poly・graphos 多く描かれた，に由来する．

また，昆虫のチャイロカメムシ *Eurygaster* もその一例．（ギ）eurys（幅広い）＋（ギ）gaster（腹）がその語源．

第３項　複合語の作り方

学名の複合語は普通２語から形成される．私はその第１語を前節，第２語を後節と呼んでいる．稀に３語のこともある．

第１語は，接頭辞や数詞のほかに，名詞や形容詞が多く用いられるが，そのままの形でなく，連結形を用いる．連結形とは，その語の語幹に接続母音（o または i）を付して作られる．語幹とは，その語の属格から，その格語尾をとったものである．言葉でいうと難解であるので，幾つかの実例を示そう．

（１）世界の珍獣コアラの属名を *Phascolarctos* という．ギリシア語で革袋の熊，という意味で，phaskōlos（革袋）と arktos（熊）の複合語．phaskōlos の属格は辞書に示してないので，主格と同形とみなし，phaskol- が語幹である．後節が母音ではじまるので，接続母音が省略されている．

（２）南極のコウテイペンギンを *Aptenodytes* という．ギリシア語で，翼のない潜水者，という意味．前節は aptēn 属格 aptenos（翼のない）で，語幹は -os を除いた apten- で，連結形は apteno- となる．これに dytēs（潜水者）をくっつけた造語．

（３）可愛らしい小鳥のメジロの属名は *Zosterops* である．これはギリシア語でベルトのある目，という意味で，zōstēr（属格 zōstēros）（ベルト）と ōps（目）の複合語．目が白い輪で囲まれている状態を表現したもの．この場合も接続母音は省略されている．

（４）風変りな深海魚のラブカの属名を *Chlamidoselachus* という．クラミドセラクスと発音する．ギリシア語でマントを着たサメという意味．構成は chalamys 属格 chalamydos マント＋ selachos サメ（鮫）またはエイ．そこで連結形が chlamydo- であることは明瞭である．

（５）ハナバチ（花蜂）のコシブトハバチの属名を *Anthophora*（アントフォーラ）という．ギリシア語の形容詞 anthophoros を女性形にして用いたもので，花のような，花を身につけている，という意味．この後節 -phoros は動詞 pherō（保持する，運ぶ）が複合語の後節になる時の形である．ラテン語化するときは -phorus（男性），-phora（女性），-phorum（中性）と用いられる．男性形に用いられた例には魚のアイザメ *Centrophorus* がある．これはギリシア語の kentron（先の尖ったの）と pherō の複合語である．

（６）この pherō と同じような変化をするものにギリシア語の phagein（食べる）がある．例えば polyphagos（多食する）．この語は甲虫のカブトムシ亜目（多食目）Polyphaga に用いられている．その他属名では甲虫のフタオビツヤゴミムシダマシ *Alphitophagus* や寄生蜂のミカンマルカイガラコバチ *Aspidiotiphagus* がある．前者の前節はギリシア語の alphiton（ひき割りの大麦）から，後者の前節はスギマルカイガラムシ *Aspidiotus* に由来する．このカイガラムシに寄生するため．この属名の語尾の２字を除き（それを語幹として），接続母音に i

を用いた造語．なお，このカイガラムシの属名の語源はギリシア語の aspidiōtēs（盾を持ったもの，戦士）に由来．マルカイガラムシを盾に見立てたもの．

第4章 命名法ドリル：下図の甲虫に新属名と新種小名をつけてみよう

図2．試験的に命名の対象となる巨大なオサゾウムシ．

上の図はタイ産の甲虫の1種で，オサゾウムシの仲間である．ヤシ（椰子）を食害するヤシオサゾウムシも同じグループに含まれる．ゾウムシの仲間にしては巨大で，体長6cmもある．

いま，分類学者になったつもりで，この甲虫に新属名や新種名をつけてみよう．新しい学名がどのようにして誕生するのか，体験してみたい．

第１項　新属名についての助言

まず形態的特徴を拾いだしてみよう．この虫の形態的特徴としては，
（１）全体として奇妙な形をしていること，
（２）ゾウムシにしては体が非常に大きいこと（口吻をいれて約 6 cm），
（３）前脚が異常に長いこと（約 5 cm），
（４）口吻が長いこと，
（５）頭が小さいこと，
（６）前胸が大きく，すべすべしていること，
（７）翅鞘に顕著な縦筋があること，
（８）頭・胸・腹部が全体として紡錘形をしていること，
などであろう．

まず，奇妙な形を表現すれば，ギリシア語の thaumasios（驚くべき，奇妙な）を思い出す．そこで *Thaumasius* という属名を造語する．

次に，体が大きいことを表現するには，〈巨人〉とか〈巨大な〉と命名したい．ギリシア語に gigas（ギガース）がある．その連結形が giganto- である．早速に *Gigas* とか *Gigantosoma*（大きな体の）ができ上がる．

次に前脚の長さに着目し，長い（makros）と足（pous）を結合して *Macropus* とか *Macropoda* ができる．ここは，また，驚異的（thaumatos）な脚（skelos）と表現すれば *Thaumatoscelus* あるいは *Thaumatosceles* と造語できる．

次に長い口吻（rhynchos）に着目して，*Macrorhynchus* あるいは *Megalorhyncha* が浮かび上がる．

次に小さな頭（kephalē）を取り上げ，*Microcephala* あるいは *Microcara* ができる．頭をギリシア語で kara ともいう．

次に前胸の特徴を表現して，滑らかな（leios）と背（nōtos）を結合して *Lionotus* が造語できる．

次に翅鞘の特徴や体全体の印象は種小名にまわそう．

さて，属名の候補として *Thaumasius*，*Gigas*，*Gigantosoma*，*Macropus*，*Macropoda*，*Thaumatoscelus*，*Thaumatosceles*，*Macrorhynchus*，*Megalorhyncha*，*Microcephala*，*Microcara*，*Lionotus* が浮かび上がった．

それではホモニムがあるかどうか，調べねばならない．これにはロンドン動物学会発行（1939）の NOMENCLATOR ZOOLOGICUS を調べ

ねばならない．本書はリンネから1935年までに発表された世界の動物の属名と亜属名を網羅したもので，動物分類学者の聖典である．その後1955年までの追加が出版されている．

上記のうち，*Thaumasius*（鳥），*Macropus*（クロカンガルー），*Macropoda*（甲虫），*Macrorhynchus*（魚），*Megalorhynchus*（鳥），*Microcephalus*（甲虫），*Microcara*（甲虫），*Lionotus*（甲虫）はすでに存在していて，使えない．残りは *Gigas* と *Gigantosoma* や *Thaumatoscelus* あるいは *Thaumatosceles* だけである．

さて，このうちのどれを選ぶか．それは命名者の好き好きである．学名は長ったらしいものは避け，単純明快なものがよい．私は *Gigas* にしたい．

第２項　新種小名についての助言

種小名に選ぶ特徴とすれば，色と形である．この虫は全体が黒褐色１色であるから，ラテン語の *ferrugineus*（鉄さび色の）あるいは *concolor*（同１色の）で決まりである．

つぎに長い脚（pes）を強調すれば，ラテン語で *longipes* となる．

また，翅鞘の彫刻を表現すればラテン語で *striatus* となろう．

次に，口吻を強調すれば，*rostratus* となる．

また，形が奇妙だと考えるならば，ラテン語で *abnormis*（異常な）あるいは *barbarus*（異国の，野蛮な）またはギリシア語で *xenos*（*xenus*）（よそ者，普通でない）と命名されよう．

逆に形が美しいと思うならば，ギリシア語で *eumorphus*（形の美しい），ラテン語で *elegans*（優雅な）あるいは *elegantior*（やや優雅な）あるいは *elegantissimus*（非常に優雅な）と命名されよう．

また，形が紡錘形であるとみればラテン語で *fusiformis*（紡錘状の）と命名できる．特に大きなゾウムシだと思えば *giganteus*（巨人の，巨大な）と命名されよう．

さて，これらの中から属名 *Gigas* と釣り合いのとれた種小名を選ぶとすれば，あれもよい，これも捨てがたい，といって迷うことになるが，私は *giganteus* を選ぶ．そこでこのすごいゾウムシの学名は *Gigas giganteus* となる．すっきりした学名ではなかろうか．これで一件落着である．

第5章 命名に役立つ古典語の知識

ここでいう古典語とはラテン語とギリシア語のことである．英語にせよラテン語にせよ，語彙が豊富であるということは語学上達の鍵である．新属や新種を命名する場合には，かなり豊富な古典語の知識を持たねばならない．この古典語が学名用語の主力をなすからである．理由は，古典語の造語力が優れているためである．極端にいえば，学名は無限に作ることができるのである．

その古典語を知るための一助として本章を設けた．以下，ラテン語は（ラ），ギリシア語は（ギ）と示す．

なお，拙著『生物学名辞典』（東京大学出版会）には非常に豊富な古典語の用語が解説されている．分類学者必携必読の参考書である．

第1節 一般的な形容詞

（1）曖昧な，疑わしい

（ラ）ambiguus, a, um. 用例：*Hylastes ambiguus* フジキクイムシ（甲虫）．属名：（ギ）hylastēs きこり（樵）．

（ギ）amphibolos. 用例：*Amphibola crenata* ホンウミマイマイ（貝）．種小名：（ラ）円鋸歯状の．

（2）愛らしい，美しい

（ラ）amoenus, a, um. 用例：*Araeopteron amoena* アヤホソコヤガ（蛾）．属名：（ギ）araios か細い，繊細な＋（ギ）pteron 翅．

（ラ）bellus, a, um. 用例：*Emblema bella* サザナミスズメ（鳥）．属名：（ラ）emblem 象嵌細工（ギリシア語由来）．

（ラ）venustus, a, um. 用例：*Cleptes venustus* ヒウラセイボウモドキ（蜂）．属名：（ギ）kleptēs 泥棒．

（ギ）kalos. 用例：*Calocaris* カロカリス（甲殻類）．（ギ）karis 小エビ類の総称．

（ギ）kallos 美．用例：*Callorhinus* オットセイ属（食肉目）．美しい皮膚，の意．（ギ）rhinos 動物の皮．（注）calo- と callo- は同義に用いられている．

（3）異常な

（ラ）aberrans（現在分詞，語尾変化をしない）．用例：*Anoplius aberrans* キタアケボノベッコウ（蜂）．属名：（ギ）anoplos 武装していない＋接尾辞 -ius.

（ラ）abnormis, is, e. 用例：*Polemistos abnormis* カワリイスカバチ（蜂）．属名：（ギ）polemistēros 勇士（武士）の．語尾の変形あり．（注）同義語に extraordinarius, inusitatus, ほか．

（ギ）idios. 用例：*Idiocerus* ズキンヨコバイ（昆虫）．（ギ）keras 触角．（注）idios には〈私的な〉という意味もある．

（ギ）perissos = perittos. 用例：*Perissus* オキナワチビトラカミキリ（甲虫）．

（4）恐ろしい

（ラ）formidabilis, is, e. 用例：*Rhamphomyia formidabilis* オオホソオドリバエ（昆虫）．属名：（ギ）rhamphos 尖った嘴＋（ギ）myia ハエ．

（ラ）horribilis, is, e. 用例：*Ursus arctos horribilis* グリズリー（アメリカヒグマ）（熊）．属名：（ラ）ursus 雄熊．種小名：（ギ）arktos ヒグマ．

（ラ）terribilis, is, e. = terrificus, a, um. 用例：*Hoplismenus terrificus* キュウホックヒメバチ（寄生蜂）．属名：（ギ）hoplismenos 武装している．

（ギ）blosyros. 用例：*Blosyrus* ブロシュルス（外国産甲虫）．

（ギ）deinos（ラテン語化 dinus）．用例：*Dinorhynchus* アオクチブトカメムシ（昆虫）．属名：（ギ）恐ろしい口吻（rhynchos）の．

（ギ）gorgos. 用例：*Gorgonocephalus* オキノテズルモズル（棘皮動物）．属名：（ギ）恐ろしい頭の．（注）Gorgōn ゴルゴーン．有翼蛇髪の怪物．

（5）驚くべき，不思議な

（ラ）mirabilis, is, e. 用例：*Halictoxenos mirabilis* ツクシネジレバネ（昆虫）．属名：*Halictus*（コハナバチ）に寄生する *Xenos*（ネジレバネ）．前節は（ギ）halizō 集める．集団営巣をするため．

後節は（ギ）xenos よそ者．寄生生活をするため．

（ラ）mirus, a, um = mirabilis．用例：*Roptrocerus mirus* オウシュウコガネコバチ（寄生蜂）．属名：（ギ）rhoptron 棒，こん棒＋近代（ラ）-cerus 角の＜（ギ）keras 角．用例：*Oruza mira* アトキスジクルマコヤガ（蛾）．属名：（ラ）oryza（稲）の変形．

（ギ）thauma, atos 驚くべきもの．*Thaumatographa decoris* クロモンベニマダラハマキ（蛾）．属名の後節：（ギ）graphē 絵画．種小名：（ラ）decor の属格，美しい，優雅な．

（6）価値のある

（ラ）dignus, a, um．用例：*Telenomus dignus* ズイムシクロタマゴバチ（寄生蜂）．属名：（ギ）teleos 完全な＋（ギ）nomos 習慣，掟．

（ギ）timios．用例：*Timia* ティミア（外国産のハエ類）．

（7）顕著な

（ラ）insignis, is, e．用例：*Aegotheles insignis* オオズクヨタカ（鳥）．属名：（ギ）aigothēlas ヨタカ（山羊の乳を吸うもの，の意）．スペルの違いに注意．

（ラ）notabilis, is, e．用例：*Masuzoa notabilis* ヒダカチビゴミムシ（甲虫）．属名：著名な博物学史学・昆虫学者の上野益三博士に因む．

（ギ）periphanēs．用例：*Periphanes* ペリファネース（外国産鱗翅目の１種）．

（8）孤独な

（ラ）solitarius, a, um．用例：*Gallinago solitaria* アオシギ（鳥）．属名：鶏に似たもの＜（ラ）gallina 雌鶏＋接尾辞 -ago 類似や状態を示す．

（ギ）erēmos．用例：*Eremophila* ハマヒバリ（鳥）．孤独を好む鳥，の意．なお，（ギ）erēmos には砂漠という意味もある．

（9）優れた

（ラ）bonus, a, um．用例：*Pyrgiscilla bona* ハシゴマキイトカケギリ（貝）．属名：（ギ）pyrgos 塔，城壁＋縮小辞 -iscus ＋縮小辞 -illa

(-illus の女性形). (注) 二重の縮小辞が用いられた珍しい学名.

(ラ) egregius, a, um. 用例：*Morinowotome egregia* モリハマダラミバエ (昆虫). 属名：日本語の森の乙女.

(ラ) excellens, entis (現在分詞). 用例：*Rhynchaenus excellens* フトノミゾウムシ (甲虫). 属名：(ギ) rhynchaina 大鼻をもったもの.

(ラ) praestans, antis (現在分詞). 用例：*Cryptonevra praestans* エゾキモグリバエ (昆虫). 属名：(ギ) kryptos 隠れた, 秘密の + (ギ) neuron 腱, 筋 (翅脈を表現). (注) u と v はよく書き換えられる.

(ギ) agathos. 用例：*Agathia* マダラチズモンアオシャク (蛾).

(ギ) chrēstos 有用な, 立派な. 用例：*Chrestosema* クレストセーマ (外国産の蜂の 1 種). 属名の後節：(ギ) sēma 目印.

(10) 清潔な, こぎれいな

(ラ) mundus, a, um. 用例：*Batrachomorphus mundus* アオズキンヨコバイ (昆虫). 属名：(ギ) カエル (batrachos) の形をしたもの (-morphos).

縮小形 (こぎれいな) mundulus, a, um. 用例：*Choragus mundulus* セスジノミヒゲナガゾウムシ (甲虫). 属名：(ギ) choragos 合唱舞踊のリーダー, (一般に) リーダー.

(ギ) katharos 清潔な, 純粋な. 用例：*Catharus* チャツグミ (鳥).

(11) 単純な, 単一の

(ラ) simplex, icis. 用例：*Passer simplex* サバクスズメ (鳥). 属名：(ラ) passer 雀.

Amara simplicidens コマルガタゴミムシ (甲虫). 属名：(ラ) amarus 苦い, 刺激性の. 種小名：(ラ) 単純な (単一の) 歯の (dens).

Lomographa simplicior クロヅウスキエダシャク (蛾). 属名：縁に絵のある＜(ギ) lōma 縁 + (ギ) graphē 絵画. 種小名：simplex の比較級.

Xanthorhiza simplicissima クサントリザ (北米産の植物). 属名：(ギ) 黄色い根＜xanthos 黄色い + rhiza 根. 種小名：simplex の最上級 (女性形).

（ギ）haplos = haploos. 用例：*Haplospiza* ミナミウスズミシトド（鳥）. 属名の後節：（ギ）spiza アトリ．単一色のアトリ，の意.

(12) 有害な，破滅的な

（ラ）perniciosus, a, um. 用例：*Comstockaspis perniciosa* ナシマルカイガラムシ（昆虫）．属名：カムストック氏の丸盾（aspis）．カイガラムシの虫体を盾に例えたもの．カムストック博士 J.H. Comstock はアメリカの著名な昆虫学者，コーネル大学教授.

（ギ）blaberos. 用例：*Blaberus* ブラベルス（外国産の直翅目の１種）.

(13) 有用な

（ラ）utilis, is, e. 用例：*Allotropa utilis* オオワタコナガイガラクロバチ（寄生蜂）．属名：（ギ）allotropos 奇妙な，不思議な.

（ギ）symphoros. 用例：*Symphorus* イトフキフエダイ（魚）.

第２節　色に関する用語

(1) 赤い

（ラ）burrus, a, um. 用例：*Ammomanes burrus* セアカスナヒバリ（鳥）．属名：（ギ）砂地を特に好むもの＜ammos 砂地 + mainomai 熱狂する.

（ラ）cruentus, a, um. 血のように赤い．用例：*Glossodoris cruentus* アカダマイロウミウシ（貝）．属名：（ギ）舌のドーリス Doris．ドーリスはギリシア神話の海神ネーレウスの妻.

（ラ）erubescens（現在分詞）赤くなった．用例：*Holocryptis erubescens* ウスベニエグリコヤガ（蛾）．属名：（ギ）holos 全体の，完全な＋（ギ）kryptos 隠れた.

（ラ）flammeus, a, um. 用例：*Acanthis flammea* ベニヒワ（鳥）．属名：ヒワの１種の（ギ）古名.

（ラ）ruber, rubra, rubrum. 用例：*Paradisaea rubra* ベニフウチョウ（鳥）．属名：近代（ラ）paradisaeus の女性形，楽園の.

（ラ）rufus, a, um. 用例：*Sciophila rufa* オオムクゲキノコバエ（昆虫）．属名：（ギ）skia 影，陰＋（ギ）-phila ～を好む．（注）縮小形 rufulus や現在分詞 rufescens もある.

（ラ）rutilus, a, um（赤く輝く）．用例：*Cypseloides rutilus* クリエリ

ムジアマツバメ（鳥）．属名：アマツバメ *Cypselus* に似たもの．アマツバメの（ギ）古名 kypselos.（注）現在分詞 rutilans もある．

（ギ）erythros. 用例：*Erythromma najas* ゴトウアカメイトトンボ（昆虫）．属名：赤い眼．種小名：（ラ）泉のニンフ Nais = Naias. i と j の綴りかえ．

（ギ）pyrsos = pyrrhos 焔の色の．用例：*Pyrrhocoris* クロホシカメムシ（昆虫）．属名：赤いカメムシ（koris）．*Pyrsonympha* ピルソニムファ（原生動物）．属名の後節：（ギ）nymphē ニンフ．

（ギ）phoinyx. 用例：*Phoenicopterus ruber* オオフラミンゴ（鳥）．属名：フラミンゴの（ギ）古名，赤い翼を持つ鳥，の意．種小名：（ラ）赤い．

（2）黄色い，橙色の

（ラ）aurantiacus, a, um = aurantius, a, um（橙黄色の）．用例：*Lycenchelys aurantiacus* ダイダイヘビゲンゲ（魚）．属名：（ギ）lykos 狼 + （ギ）enchelys ウナギ（鰻）．用例：*Cephalopholis aurantia* ハナハタ（魚）．属名：（ギ）頭の（cephalo-）魚（pholis）．後者には〈角質の鱗〉という意味もある．

（ラ）citreus, a, um（レモン色の）．用例：*Protonotaria citrea* オウゴンアメリカムシクイ（鳥）．属名：（ギ）prōtos 第1の + （ラ）notarius 書記．カトリック教会の第一書記．金色の衣服を着用している．従ってこの属名は〈金色の鳥〉と解釈される．

（ラ）flavus, a, um（黄色い，金色の）．用例：*Lasius flavus* キイロケアリ（蟻）．属名：（ギ）lasios 毛深い．（注）flavescens（黄色くなった），flavidus（黄色がかった），flavissimus（非常に黄色い）などもある．

（ラ）gilvus, a, um（淡黄色の）．用例：*Dexia gilva* キイロナガハリバエ（昆虫）．属名：（ギ）dexios 右の．（注）aristeros 左の．クモ（蜘蛛）に *Aristerus* 属あり．

（ラ）helvus, a, um（淡黄色の）．用例：*Zanclognatha helva* キイロアツバ（蛾）．属名：（ギ）zanklon 鎌 + （ギ）gnathos 顎．（注）縮小形に helvolus あり．

（ラ）luteus, a, um. 用例：*Styloptygma lutea* ロウイロクリムシクチキレ（貝）．属名：（ギ）stylos 柱 + （ギ）ptygma ひだ（襞）．（注）縮小形に luteola あり．

（ギ）ōchros 黄土色の，淡黄色の．用例：*Ochrospiza atrogularis* ノド

グロカナリア（鳥）．属名：（ギ）淡黄色のアトリ（spiza）．種小名：（ラ）黒い喉（gula）の．

（ギ）xanthos 黄色い．用例：*Xanthocephalus* キガシラムクドリモドキ（鳥）．属名：黄色い頭の鳥，の意．

（3）緑の

（ラ）viridis，is，e．用例：*Chloridolum viride* ミドリカミキリ（甲虫）．属名：（ギ）chlōros 緑の，淡緑色の＋（ギ）eidōlon 幽霊，幻影．（注）かって私は異なった解釈をしたことをお詫びします．（注２）最上級に viridissimus，a，um や縮小形に viridulus，a，um あり．

（ギ）chlōros．用例：*Chlorogomphus* ミナミヤンマ（蜻蛉）．属名：（ギ）緑色のトンボ，の意．サナエトンボ *Gomphus* ＜（ギ）gomphos 木釘．全く無粋な命名である．西洋人はトンボにはあまり関心がないようである．

（4）青い

（ラ）caeruleus，a，um（空，海などが）青い．用例：*Halobaena caerulea* アオミズナギドリ（鳥）．属名：（ギ）海を行くもの＜hals，halos ＋ bainō 行く，歩む．

（ラ）cyaneus，a，um（暗青色という意味もある）．用例：*Octopus cyaneus* ワモンダコ（蛸）．属名：（ギ）タコ（８足，の意）．

（ラ）venetus，a，um（海の色をした，青い）．用例：*Hemistola veneta* コシロスジアオシャク（蛾）．属名：（ギ）hemi- 半分＋（ギ）stolē 衣服．（注）非常に紛らわしい単語に venustus，a，um（愛らしい，美しい）がある．

（ギ）kyaneos．ラテン語に取り入れられて cyaneus となる（上述）．

（5）紫の

（ラ）purpureus，a，um．用例：*Chrysocharis purpurea* ヒメコバチの１種（寄生蜂）．属名：（ギ） chrysos 黄金＋（ギ）charis 優美，恩恵．

（ラ）violaceus，a，um（スミレ色の）．用例：*Euodynerus violaceipennis* カバオビドロバチ（蜂）．属名：（ギ）eu- よい，真の＋ドロバチの１種 *Odynerus* ＜（ギ）odynēros 痛い，痛みを感じさせる．種小名：（ラ）紫の翅の．-pennis は penna（翅）

の形容詞形.

（ギ）phoinikeos 紫紅色の. *Phoenicopterus* フラミンゴ（鳥）. 属名：フラミンゴの（ギ）古名 phoinikopteros より. この場合の phoiniko- は〈赤い〉とも解釈される.

（ギ）porphyreos. 用例：*Pangrapta porphyrea* シロツマキリアツバ（蛾）. 属名（ギ）pan- 全体の + graptos 描かれた.

（6）黒い

（ラ）ater, atra, atrum. 用例：*Laemobothrion atrum* バンオオハジラミ（昆虫）. 属名：（ギ）laimos 喉 + （ギ）bothrion 小さな穴. （注）ater の連結形は atri-（例えば atriceps 黒い頭の）と atro-（例えば atrocaerulea 黒青色の）がある.

（ラ）niger, nigra, nigrum. 用例：*Chibidokuga nigra* チビドクガ（蛾）. 属名：日本語のチビドクガから. （注）現在分詞に nigrescens あり. *Pteronemobius nigrescens* ヒメスズ（昆虫）. 属名：（ギ）翅（ptero-）の *Nemobius* 属（日本未知）. （ギ）糸に生きるもの, の意. 細長い触角を糸と表現.

（ギ）eremnos. 用例：*Eremnodes* エレムノーデース（外国産の甲虫の1種）. 属名の語尾：-odes ～に似たもの.

（ギ）melas, melaina, melan. 連結形 melam-, melano-, 及び melaeno-. 用例：*Melampitta* クロチメドリ（鳥）. 黒いヤイロチョウ属 *Pitta*. インド南部での呼称. *Melanocharis* パプアハナドリ（鳥）. 黒色の優美（charis）な鳥, の意. *Melaenornis* クロヒタキ（鳥）. 黒い鳥 ornis.

（7）非常に黒い, 真黒な

（ラ）nigerrimus, a, um（niger の最上級）. 用例：*Ploceus nigerrimus* クロハタオリ（鳥）. 属名：（ギ）plokeus 編む人. 巣を編む鳥, の意.

（ラ）perniger, nigra, nigrum. 用例：*Bactrocera pernigra* クロミバエ（昆虫）. 属名：（ギ）棒状の触角＜ baktron + keras.

（8）白い

（ラ）albus, a, um. 用例：*Monopterus albus* タウナギ（魚）. 属名：（ギ）1つの翼の（鰭を表現したもの）. （注）albus の縮小形に

albellus 及び albeolus あり.

（ラ）candidus, a, um. 用例：*Ornithomyia candida* ハトシラミバエの１種（昆虫）. 属名：（ギ）鳥のハエ. 鳥（ornis, 属格 ornithos）の羽毛に寄生する珍奇なハエ.

（ギ）chioneos 雪のように白い. 用例：*Chionea* クモガタガガンボ（昆虫）. 雪上に出現する珍奇な昆虫.

（ギ）leukos 輝く, 白い. 用例：*Leucopternis* アオノスリ属（鳥）. 属名の後節：（ギ）pternis タカ（鷹）の１種.

（9）灰色の

（ラ）caesius, a, um（青みがかった灰色の）. 用例：*Saliciphaga caesia* オオヤナギヒメハマキ（蛾）. 属名：（ラ）salix 柳＋（ギ）-phaga 食べる.

（ラ）canus, a, um. 用例：*Lenothrix canus* ハイイロキノボリネズミ（鼠）. 属名：（ギ）lēnos 嘆願用にオリーブの枝に巻く羊毛（の房）＋（ギ）thrix 毛.

（ラ）griseus, a, um. 用例：*Ctenophorinia grisea* ハイイロヤドリバエ（昆虫）. 属名：近代（ラ）ctenophorus 櫛を持つ＋ -inia 任意の造語.

（ラ）incanus, a, um（すっかり白髪の）. 用例：*Heteroscelus incanus* メリケンキアシシギ（鳥）. 属名：（ギ）異質の脚をもつ鳥, の意＜ heteros ＋ skelos 脚.

（ギ）leukophaios. 用例：*Leucophaeus* マゼランカモメ（鳥）.

（ギ）phaios. 用例：*Herpetogramma phaeopteralis* ケナシクロオビクロノメイガ（蛾）. 属名：（ギ）herpeton 這って歩くもの, 爬虫類, 四足動物＋（ギ）gramma 絵.

（10）褐色の

（ラ）badius, a, um（馬が栗毛色の）. 用例：*Phodilus badius* ニセメンフクロウ（鳥）. 属名：（ギ）光をおそれる鳥, の意＜ phōs, photos 光＋ deilos 恐ろしがる. 訂正名 *Photodilus* あり.

（ラ）fuscus, a, um. 用例：*Moschus fuscus* カッショクジャコウジカ（偶蹄類）. 属名：（ギ）moschos 仔牛.

（ギ）spadix 褐色の,（馬が）栗毛の. 用例：*Eupithecia spadix* シロモンカバナミシャク（蛾）. 属名：（ギ）eu- よい＋（ギ）pithēkos

小人（猿という意味もある）．小さくて愛らしいもの，の意．

（11）その他の色（ラテン語のアルファベット順）

緑青の

aeruginosus, a, um. 用例：*Circus aeruginosus* ヨーロッパチュウヒ（鳥）．属名：（ギ）kirkos チュウヒ（鷹の1種）．

肉の，肉色の

carneus, a, um. 用例：*Chrysoperla carnea* ニッポンクサカゲロウ（昆虫）．属名：金色のカワゲラ *Perla*（フランス語で真珠の意）．

鹿色の

cervinus, a, um. 用例：*Anthus cervinus* ムネアカタヒバリ（鳥）．属名：セキレイの（ギ）古名 anthos. この語は本来花という意味．

サフラン色の

croceus, a, um. 用例：*Tridrepana crocea* ウコンカギバ（蛾）．属名：（ギ） 3つの鎌の＜ tri- ＋ drepanē 鎌．

青灰色の

glaucus, a, um. *Fannia glauca* ハイイロヒメイエバエ（昆虫）．属名：ローマ人の氏族名 Fannius の女性形．

草色の

gramineus, a, um. 用例：*Lindbergicoris grammineus* トゲツノカメムシ（昆虫）．属名：Lindberg 氏のカメムシ（ギ）koris.

虹色の

iridescens. 用例：*Abia iridescens* アカガネコンボウハバチ（昆虫）．属名：（ギ）abios 生計の立たない．（注）iridescens は語尾変化をしない．

ブドウ酒の，ブドウ酒色の

vinaceus, a, um. 用例：*Pempelia vinacea* オオクロモンマダラメイガ（蛾）．属名：（ギ）pempelos 年を取った（灰色の，の意）．

第3節　形に関する用語

（1）穴，凹み

（ラ）cavus 穴．用例：*Pyllonorycter cavella* カバノキンモンホソガ（蛾）．属名：（ギ）phyllon 葉＋（ギ）oryktēr 掘る人．葉に潜る虫，の意．種小名：小さな穴．

（ラ）excavatus, a, um. くりぬかれた＜ excavo 穴をうがつ．用例：*Osmia excavata* シロオビツツハナバチ（蜂）．属名：（ギ）osmē 匂い．このハナバチには特有の体臭がある．

（ギ）bothros. 穴，孔．用例：*Bothrocara molle* シロゲンゲ（魚）．属名の後節：（ギ）kara 頭（中性名詞）．種小名：（ラ）mollis の中性形，柔らかい．用例：*Bothrocarina nigrocaudata* オグロゲンゲ（魚）．属名の語尾 -ina は類似を示す．種小名：（ラ）黒い尾のある．

（ギ）chēramos くぼみ，穴．用例：*Cheramoeca leucosternum* セジロツバメ（鳥）．属名の後節：（ギ）oikos 家．穴の家に住む鳥，の意．種小名：（ギ）白い胸の．

（ギ）trēma 穴，孔．属格 trēmatos. 用例：Trematoda 吸虫類（扁形動物）．語尾 -oda は -odes と同義，～の形の．

（2）円，円形の

（ラ）annulus 輪，指輪．派生語：annularis, is, e 環状の；annulatus, a, um 指輪型の．用例：*Chlorophorus annularis* タケトラカミキリ（甲虫）．属名：（ギ）緑色を帯びた．用例：*Hologymnosus annulatus* ナメラベラ（魚）．属名：（ギ）holos 完全な＋（ギ）gymnos 裸の＋接尾辞 -osus.

（ギ）kyklos ＝（ラ）cyclus 円，輪．用例：*Phlogotettix cyclops* ヒトツメヨコバイ（昆虫）．属名：（ギ）炎色の＋（ギ）tettix ヨコバイ類．種小名：（伝説）１つ目の巨人．用例：*Cyclopodia* クモバエの１種（昆虫）．（ギ）円形の足．非常に特殊化したハエで，例外なくコウモリに寄生する．翅（前翅も平均根も）は全く退化し，６本の脚は細長く，先端に大きな爪がある．

（ラ）orbis 円形のもの．*Ephippus orbis* マンジュウダイ（魚）．（ギ）ephippos 馬の背に．

（ラ）rotundus, a, um 丸い，丸みのある．用例：*Metanipponaphis rotunda* シイコムネアブアムシ（昆虫）．属名：（ギ）meta- 後の＋ nippon 日本＋アブラムシ属 *Aphis*.（ラ）aphis アブラムシ．用例：*Rhamphomyia rotundicauda* マルオオオドリバエ（昆虫）．（ギ）rhamphos 嘴の＋（ギ）myia ハエ．種小名：（ラ）丸い尾の．

（3）円錐形

（ギ）kōnos ＝（ラ）conus 円錐形（をしたもの）．用例：*Conolophus subcristatus* ガラパゴスリクイグアナ（爬虫綱）．属名：conos ＋（ギ）lophos とさか．種小名：（ラ）ややとさかのある．

（4）円筒形

（ギ）kylindros ＝（ラ）cylindrus 円筒．派生語：cylindricus, a, um 円筒形の；cylindratus, a, um 円筒形の．用例：*Culicoides cylindratus* アマミヌカカ（昆虫）．属名：（ラ）蚊（culex）に似たもの．

（5）形，形のよい，美しい

（ラ）formosus, a, um 形のよい，美しい．用例：*Scleropages formosus* アジアアロワナ（魚）．属名：（ギ）sklēros かたい，頑固な＋（ギ）pagos 強い．

（ギ）eueidēs よい形の，美しい．用例：*Eueides* ドクチョウの 1 種（蝶）．姿も色も模様も美しい蝶．

（ギ）morphē 姿，形，（姿の）美しさ．用例：*Morpho* モルフォチョウ属（蝶）．南米産の豪華美麗蝶．この属名はアプロディーテー女神の別名．

（6）角，角ばった

（ラ）angulus 角．派生語：angularis, is, e 角のある；angulatus, a, um 角のある．用例：*Exochus angularis* カドメンガタヒメバチ（寄生蜂）．属名：（ギ）exochos 卓越している．

（ギ）gōnia 角，gōniōdēs 角ばった．用例：*Goniogryllus sexspinosus* ハネナシコオロギ（昆虫）．属名：角ばったコオロギ属 *Gryllus* ＜（ラ）gryllus コオロギ．種小名：（ラ）6つの棘のある．

（7）球，球形の

（ラ）globus 球，球体．縮小形：globulus 小球．派生語：globosus, a, um 球形の．用例：*Liodrosophila globosa* マルセダカショウジョウバエ（昆虫）．属名：（ギ）leios 滑らかな＋ショウジョウバエ属 *Drosophila*．（ギ）露（drosos）を好むもの（-phila）．

（ラ）sphaera ＝（ギ）sphaira 球，球体．派生語：sphaeralis, is, e

球形の；sphaericus，a，um 球形の．用例：*Telenomus sphaerocephs* キュウシュウタマゴクロバチ（寄生蜂）．属名：（ギ）telos 成就＋（ギ）nomos 習慣．種小名：（ラ）球形の頭の．caput（頭）は複合語の後節では -ceps（頭の）と変化する．

（8）鋸，鋸歯状の

（ラ）serra 鋸．派生語：serratus，a，um ぎざぎざのある，鋸歯状の．用例：*Corticaria serrata* ノコヒメマキムシ（甲虫）．属名：（ラ）cortici- 樹皮の＋接尾辞 -aria 性質を示す．樹皮下で生活する虫．

（ギ）priōn 鋸．用例：*Prionocyphon ovalis* セダカマルハナノミ（甲虫）．属名の後節：（ギ）kyphon くびき．種小名：（ラ）卵形の．

（9）こん棒，こん棒状の

（ラ）clava こん棒．派生語：claviger，-gera，-gerum こん棒を持っている．用例：*Aleochara clavigera* ニッポンヒゲブトハネカクシ（甲虫）．属名：（ギ）日当たり（暖かい aleos）を喜ぶ（chairō）．

（ギ）rhopalon．こん棒，杖．用例：*Rhopalosiphum maidis* トウモロコシアブラムシ（昆虫）．属名の後節：（ギ）siphōn サイフォン．種小名：近代（ラ）トウモロコシの．mays = mais（属格 maidis）は南米におけるトウモロコシの地方名．

（10）三角形の

（ラ）triangulus，a，um 三角形の．関連語：triangularis，is，e 三角形の．用例：*Limnophora triangula* ハナレメミズギワイエバエ（昆虫）．属名：（ギ）limnē 沼沢＋（ギ）-phora ～を持つ．沼沢地に住むもの，の意．用例：*Anomala triangularis* サンカクスジコガネ（甲虫）．属名：（ギ）anomalos 一様でない，不均等な．

（ギ）trigōnos 三角形の．*Trigonogastra* コガネコバチの１種（寄生蜂）．属名の後節：（ギ）gastra 瓶などの下部の膨れた部分（gastēr 腹，由来）．

（11）四角形の，正方形の

（ラ）quadriangulus，a，um 四角（形）の．連結形：quadri-．関連語：quadratus 直角の，四角形の．用例：*Dichaetomyia quadrata* ヤエヤマハナゲバエ（昆虫）．属名：（ギ）di- ２つの＋（ギ）

chaeto- 毛の＋（ギ）myia ハエ.

（ギ）tetragōnos 正方形の，四角形の．用例：*Tetragonomenes boninensis* オガサワラチビキマワリモドキ（甲虫）．属名の後節：（ギ）menos 力，活力．種小名：近代（ラ）小笠原諸島の．

(12) 五角形の

（ギ）pentagōnos ＝（ラ）pentagonus．用例：*Pentagonothrips antennalis* クダアザミウマの1種（昆虫）．属名の後節：（ギ）アザミウマ属 *Thrips* ＜（ギ）thrips 木を食うウジ虫．種小名（ラ）触角の．

(13) 十字形の

（ラ）cruciatus，a，um 十字形の．用例：*Luciola cruciata* ゲンジボタル（甲虫）．属名：（ラ）愛らしい光，lux（光）の縮小形.

（ギ）karsios 十字状に．用例：†*Carsioptychus coarctatus* 哺乳類の化石の1種．属名の後節：（ギ）ptyx，ptychos 襞，層．種小名：（ラ）密集した，圧縮された.

（ギ）stauros 十字架．用例：*Stauronematus compressicornis* サクツクリハバチ（昆虫）．属名の後節：ヒゲナガハバチ *Nematus* ＜（ギ）nēma，nēmatos 糸．種小名：（ラ）compressus 圧縮＋（ラ）-cornis 角（つの）の，触角の．

(14) 盾（円い盾，長方形の盾）

（ラ）clypeus ＝ clipeus 青銅製の円盾．昆虫学では頭盾．用例：*Clypeodytes frontalis* マルチビゲンゴロウ（甲虫）．属名：（ラ）clypeus ＋（ギ）dytēs 潜水者．盾の形のゲンゴロウの意．種小名：（ラ）顔の，前額の.

（ラ）scutum 楕円形の盾．派生語：scutatus，a，um 盾のある．scutellatus，a，um 小盾板のある．用例：*Platyptilia scutata* ハネナガトリバ（蛾）．属名：（ギ）幅広い翅の＜ platys ＋ ptylon ＋ -ia.

（ギ）aspis，aspidos 丸い盾．用例：*Aspidomorpha* ジンガサハムシ（甲虫）．属名の後節：（ギ）morphē 姿，形.

（ギ）hoplon 大盾，武器．用例：*Hoplocampa pyricola* ナシミバチ（昆虫）．属名の後節：（ギ）kampē イモムシ．種小名：（ラ）ナシ

（梨）に住む者．pirus 梨．

（ギ）thyreos 大型の長方形の盾．用例：*Thyreus* ルリモンハナバチ（花蜂）．胸部の小盾板が特に大きいのが命名の由来．

(15) 剣，刀状の

（ラ）ensis 剣，太刀．派生語：ensifer, -fera, -ferum = ensiger, gera, gerum 刀を持っている．用例：*Ensifera ensifera* ヤリハシハチドリ（鳥）．剣状の嘴を持つ鳥，の意．トートニムの学名．用例：*Apanteles ensiger* アメリカサムライコマユバチ（寄生蜂）．属名：（ギ）完全無欠な．（注）形容詞を作る接尾辞に -ensis あり．～に属する，の意．例：hortensis 庭園の；nipponensis 日本の．

（ラ）gladius 剣，刀．用例：*Xiphias gladius* メカジキ（魚）．吻が長く，剣状．食用としてもゲームフィッシュとしても人気がある．属名は（ギ）xiphias メカジキ由来．英名を sword fish という．

（ギ）xiphos 剣（両刃の）．用例：*Xiphovelia japonica* オヨギカタビロアメンボ（昆虫）．属名の後節：カタビロアメンボ *Velia* ＜（ラ）velum 帆．帆かけ舟のように水上を滑走するため．種小名：現代（ラ）日本の．

(16) 螺旋，螺旋状の

（ギ）speira =（ラ）spira とぐろ．派生語：spiralis, is, e 螺旋状の．用例：*Trichinella spiralis* センモウチュウ（旋毛虫）（線形動物）．属名：（ギ）trichinos 毛の＋縮小辞 -ella．

第4節　寸法に関する用語

(1) 大きい

（ラ）enormis, is, e 巨大な，異常な．用例：*Cryptophagus enormis* オオナガキスイ（甲虫）．属名：（ギ）kryptos 隠れた，秘密の＋（ギ）phagein 食べる．

（ラ）giganteus, a, um 巨人の，巨人族の．*Necydalis gigantea* オニホソコバネカミキリ（甲虫）．属名：（ギ）nekydalos カイコ（蚕）の若虫（蛹）．（注）以前に私は〈屍体のような〉と解説した．（ギ）nekys 屍体，死者．

（ギ）gigas, gigantos 巨人．用例：†*Gigantopithecus* ギガントピテク

ス（化石の猿）．（ギ）pithēkos 猿．

（ラ）grandis，is，e 大きな，偉大な．用例：*Grandala coelicolor* シコンツグミ（鳥）．属名：（ラ）大きな翼の（鳥）．（ラ）ala 翼．種小名：（ラ）coelum = caelum 空＋（ラ）color 色．空色の鳥，の意．用例：*Bradycellus grandiceps* オオズヒメゴモクムシ（甲虫）．属名：（ギ）bradys ゆっくりした＋（ギ）kellō 追う．種小名：（ラ）大きな頭の．caput（頭）が複合語の後節になるときは -ceps と変化する．

（ラ）ingens 巨大な．用例：*Otus ingens* アンデスオオコノハズク（鳥）．属名：（ギ）ōtos ミミズク．

（ラ）magnus，a，um 大きな．比較級 major（男・女性形），majus（中性形）．最上級 maximus，a，um．比較級の縮小形 majusculus，a，um．用例：*Alectoris magna* オオイワシャコ（鳥）．属名：（ギ）alektoris 雌鶏．用例：*Oryzaephilus maximus* オオノコギリヒラタムシ（甲虫）．属名：（ギ）oryza =（ラ）oryza 米＋（ギ）-phila ～を好む．用例：*Tephritis majuscula* アザミケブカミバエ（昆虫）．属名：（ギ）灰色をしたもの＜tephra 灰＋接尾辞 -itis（-ites の女性形）特徴を示す．

（ギ）megas 大きい．連結形 mega- 及び megalo-．用例：*Megadyptes* キンメペンギン（鳥）．属名：大きな潜水者（dyptēs）．用例：*Megalobatrachus* オオサンショウウオ（両生綱）．属名の後節：（ギ）batrachos カエル（蛙）．

（2）小さい

（ギ）mikros 小さい，少ない．比較級 meiōn，最上級 hekistos．Micro- を前節とする属名や種小名は非常に多い．用例：*Microcebus* ネズミキツネザル（猿）．属名の後節：（ギ）kēbos 猿．用例：*Miolispa cruciata* ジュウジヒメミツギリゾウムシ（甲虫）．属名：（ギ）meiōn ＋（ギ）lispos 滑らかな．種小名：（ラ）十字形の．用例：*Hecistocyphus* 棘皮動物の１種．（ギ）hekistos 最も小さい＋（ギ）kyphos 曲った，せむしのような．

（ギ）nanos =（ラ）nanus こびと（小人）．派生語（ギ）nanophyēs 小人のような．用例：*Nanophyes* チビゾウムシ（甲虫）．用例：*Nannophya pygmaea* ハッチョウトンボ（蜻蛉）．属名：nanophyēs を綴り替えたもの．種小名：（ラ）小人の．世界最小のトンボ.

（ギ）oligos 小さな．用例：*Oligotoma japonica* コケシロアリモドキ（昆虫）．属名：oligos ＋（ギ）tomē 切断．種小名：近代（ラ）日本の.

（ラ）parvus，a，um 小さい，わずかな．比較級 minor（男・女性形），minus（中性形）．最上級 minimus，a，um．縮小形 parvulus，a，um 非常に小さい．用例：*Ficedula parva* オジロビタキ（鳥）．属名：ズグロムシクイの（ラ）古名．用例：*Rhizophagus parviceps* チビネスイ（甲虫）．属名：（ギ）根（rhiza）を食う虫，の意．種小名：（ラ）小さな頭の．-ceps 頭の< caput 頭.

（ギ）pauros 小さい．用例：*Paurocephala* タイワンキジラミ（昆虫）．pauros ＋ cephala 頭の.

（ラ）pumilus，a，um 矮小の．関連語 pumilio 小人．用例：*Hydrovatus pumilus* チビマルケシゲンゴロウ（甲虫）．属名：hydro- 水を＋近代（ラ）ovatus 大喜びする.

（ラ）pusillus，a，um ごく小さい，つまらない．用例：*Aethia pusilla* コウミスズメ（鳥）属名：（ギ）aithyia カモメなど海鳥の 1 種.

（ギ）pygmaios 矮小の，小人の．*Ceropales pygmaeus* コガタヌスミベッコウバチ（狩人蜂）．属名：（ギ）keras 触角＋（ギ）palaiō 格闘する．触角を上手に使って狩りをする，の意.

（3）長い

（ギ）dolichos 長い，遠い．用例：*Dolichopus plumipes* フサアシナガバエ（昆虫）．属名：（ギ）長い脚の．種小名：（ラ）pluma 羽，羽毛＋（ラ）pes 足．用例：*Sympiesis dolichogaster* ハラナガヒメコバチ（寄生蜂）．属名：（ギ）sympiesis 圧縮．種小名：（ギ）長い腹（gastēr）.

（ラ）longus，a，um 長い．比較級 longior（男・女性形），longius（中性形）．最上級 longissimus，a，um 非常に長い．縮小形 longiusculus，a，um やや長い．用例：*Longitarsus* クロボシトビハムシ（甲虫）．長い足（付節 tarsus）．用例：*Scopura longa* トワダカワゲラ（昆虫）．属名：（ギ）skopos（ある場所を）守る者＋（ギ）oura 尾．独特な幼虫の肛門鰓を表現したもの．用例：*Myotis longipes* ナガスネホオヒゲコウモリ（翼手目）．属名：（ギ）ネズミの耳の< mys ＋ ous 属格 ōtos．種小名：（ラ）

長い足の．用例：*Podabrus longissimus* キベリクビボソジョウカイ（甲虫）．属名：（ギ）pous，podos 足＋（ギ）habros 柔らかい，優雅な．

（ギ）makros 長い，大きい．用例：*Macropus rufus* アカカンガルー（有袋類）．属名：（ギ）大きな脚．種小名：（ラ）赤い．用例：*Sphaerophoria macrogaster* ホソヒメヒラタアブ（昆虫）．属名：（ギ）sphaira 球＋（ギ）pherō 保持する＋接尾辞 -ia．種小名：（ギ）長い腹．用例：*Nycteris macrotis* ドブソンミゾコウモリ（翼手目）．属名：（ギ）nykteris コウモリ．種小名：（ギ）長い（大きな）耳の．ous 属格 ōtos 耳．

（ラ）prolixus，a，um 長い，伸びた．用例：*Medon prolixus* トガリハネカクシの１種（甲虫）．属名：メドーン，ギリシア神話のケンタウロスの１人．同名異人あり．

（ギ）tanyō 引き延ばす．連結形 tany- 及び tanysi-．用例：*Tanysiptera nympha* アカハララケットカワセミ（鳥）．属名の後節：（ギ）pteron 翼．種小名：ギリシア神話のニンフ（森や水の精）．用例：*Tanytarsus mendax* アシナガユスリカ（仮称）（昆虫）．属名：（ギ）延びた足（tarsos）．種小名：（ラ）うそつき．

（4）短い

（ギ）brachys 短い．比較級 brachyteros．最上級 brachistos．用例：*Brachista* ブラキスタ（蜂の１種）．用例：*Brachytera* ブラキテラ（蛾の１種）．用例：*Hystrix brachyurus* マレーヤマアラシ（げっ歯目）．属名：（ギ）タテガミヤマアラシ．種小名：（ギ）短い尾の（oura）．

（ラ）brevis，is，e 短い．用例：*Orcaella brevirostris* イラワジイルカ（鯨）．属名：（ラ）orca クジラの１種＋縮小辞 -ella．種小名：（ラ）短い口吻の．用例：*Aphodius breviusculus* ヌバタママグソコガネ（甲虫）．属名：（ギ）aphodos 進発，退去＋接尾辞 -ius．種小名：（ラ）brevis ＋縮小辞 -iusculus 形容詞を作る．

（5）広い

（ギ）eurys 広い，幅広い．用例：*Eurypharynx pelecanoides* フクロウナギ（魚）．属名の後節：（ギ）pharynx 咽喉．この魚の頭と口は特別に大きい．種小名：ペリカン（pelekan，pelekanos）に似たもの（-oides）.

（ラ）latus, a, um 広い，幅の広い．用例：*Leptura latipennis* ハネビロハナカミキリ（甲虫）．属名：（ギ）細い尾の．種小名：（ラ）広い翅（penna）の．

（6）狭い

（ラ）angustus, a, um 狭い．比較級 angustior より狭い．最上級 angustissimus 非常に狭い．派生語：angustatus, a, um 狭くなった．用例：*Leucophenga angusta* クロコガネショウジョウバエ（昆虫）．属名：（ギ）leuco- 白い＋（ギ）phengō 光り輝く．用例：*Muscina angustifrons* モモグロオオイエバエ（昆虫）．属名：近代（ラ）イエバエのようなく *Musca* イエバエ＋接尾辞 -ina．用例：*Scraptia angustior* ホソハナノミダマシ（甲虫）．属名：（ラ）不貞な女のあだ名 scrapta ＋接尾辞 -ia．用例：*Cicones angustissimus* ナガヒラタホソカタムシ（甲虫）．属名：ギリシアのトラキアの種族の名 Kikones に由来．

（ギ）stenos 狭い．用例：*Stenobracon* コマユバチの１種（寄生蜂）．コマユバチ属 *Bracon* ＜（ギ）brachys（短い）を変形した造語．用例：*Metasyrphus stenopus* ホソホシヒラタアブ（昆虫）．属名：（ギ）meta- 後の＋ヒラタアブ *Syrphus* ＜（ギ）syrphos 翅のある小さな昆虫，ブヨの１種．種小名：（ギ）狭い足．

（7）高い

（ギ）aipys 高い，高くて嶮しい．用例：*Aepyceros melampus* インパラ（偶蹄目）．属名：高い角の．角（keras）が複合語の後節になるときは -kerōs と変化することがある．例えば rhinokerōs サイ（犀）．種小名：（ギ）melam- 黒い＋（ギ）pous 足．後者は -poda とも用いられる．

（ラ）altus, a, um 高い．用例：*Ampedus alticola* ミヤマアカコメツキ（甲虫）．属名：（ギ）ampēdaō 跳びあがる．コメツキムシをひっくりかえしておくとピョンと跳びあがる．種小名：（ラ）山地（高地）の住人．

（ギ）hypsēlos 高い．*Hypselosoma hirashimai* アマミオオメノミカメムシ（昆虫）．属名の後節：（ギ）sōma 体．種小名：最初の発見者平嶋義宏博士（当時九州大学助手）に因む．彼にとっては恩師江崎悌三教授に名前をつけてもらった記念物.

（ラ）procerus, a, um 高い, 長い. 用例：*Hydrometra procera* ヒメイトアメンボ（昆虫）. 属名：（ギ）hydro- 水＋（ギ）metron 物差し, 尺度. 水を測定するもの, の意.

（8）低い

（ラ）demissus, a, um 低い, 低いところにある. 用例：*Adelphocoris demissus* ウスモンメクラガメ（昆虫）. 属名：（ギ）adelphos 兄弟姉妹の＋（ギ）koris カメムシ.

（ラ）depressus, a, um 低い. 用例：*Sympetrum depressiusculus* タイリクアキアカネ（蜻蛉）. 属名：（ギ）sym- = syn- 一緒に＋（ギ）ētron 腹. または, 前節は（ギ）sympiezō 圧縮する. 種小名：（ラ）depressius（depressus の比較級中性形）＋縮小辞 -culus.

（ラ）humilis, is, e 低い, 地上性の（鳥類学）. 用例：*Blacus humilis* チビコマユバチ（寄生蜂）. 属名：（ギ）blax 属格 blakos 怠惰な, 愚かな. 用例：*Eupodotis humilis* カッショクノガン（鳥）. 属名：（ギ）立派な足（eupodo-）のノガン（ōtis）. 種小名：地上性の.

（ギ）tapeinos（背の）低い, 低地の. 用例：*Tapinoma melanocephalus* アワテコヌカアリ（蟻）. 属名の後節：（ギ）-ōma ～になったもの. 種小名：（ギ）黒い頭の.

第6章 動物体の表面構造に関する用語

（1）粗い，ざらざらした

（ラ）asper，aspera，asperum 粗い，ざらざらした．用例：*Lachnoderma asperum* アリスアトキリゴミムシ（甲虫）．属名：（ギ）lachnos 羊毛＋（ギ）derma 皮膚．

（ギ）trachys 粗い，ざらざらの．用例：*Trachipterus trachypterus* サケガシラ（魚）．属名・種小名とも〈ざらざらした鰭の〉の意．スペルの i と y に注意．

（2）鱗，鱗のある

（ギ）lepis，lepidos 鱗．派生語：lepidōtos 鱗のある．用例：Lepidoptera 鱗翅目（チョウ目）蝶と蛾を含む昆虫の大群．用例：*Lepidosiren paradoxa* ナンベイハイギョ（肺魚）．属名の後節：ギリシア神話のセイレーン．上半身は女で下半身は鳥の形の，人を魅する歌い手である海の怪物．種小名：（ラ）逆説的な，奇矯な．用例：*Lepidoblepharon ophthalmolepis* ウロコガレイ（魚）．属名の後節：（ギ）blepharon 眼，眼瞼．種小名：（ギ）ophthalmos 眼＋lepis 鱗．用例：*Lepidotus* レピドートゥス（魚，シマガツオ科）．

（ラ）squama 鱗．派生語：squamatus，a，um 鱗でおおわれた．squameus，a，um 鱗でおおわれた．squamifer，fera，ferum＝squamiger，gera，gerum 鱗のある．squamosus，a，um 鱗のある．用例：*Capito squamatus* ヒビタイゴシキドリ（鳥）．属名：（ラ）大頭の人．用例：*Echinocnemus squameus* イネゾウムシ（甲虫）．属名：（ギ）echino- 棘の＋knēmē 脛．用例：*Stenolechia squamifera* ウロコホソハネキバガ（蛾）．属名：（ギ）stenos 狭い＋ユウヤミキバガ *Gelechia* の後節 -lechia を用いたもの．（ギ）gēlechēs 地面に寝る．用例：*Eretmochelys squamosa* タイマイ（カメ目）．属名：（ギ）eretmon 櫂＋（ギ）chelys カメ（亀）．

（3）毛のある

（ラ）barba あごひげ．関連語：barbatus ひげの生えた，barbatulus 少しひげの生えた，barbula うぶひげ．用例：*Paratryphera barbatula* ヒゲヤドリバエ（仮称）（昆虫）．属名：（ギ）para- 近い＋ *Tryphera* 属（日本未知のハエ）＜（ギ）trypheros 柔かい，優美な．

（ラ）capillus 毛，毛髪．関連語：capillatus，a，um 髪の豊かな．用例：*Phalacrocorax capillatus* ウミウ（鳥）．属名：（ギ）phalakros 禿頭の＋（ギ）korax ワタリガラス．

（ギ）dasys 毛の生えた．用例：*Delichon dasypus* イワツバメ（鳥）．属名：（ギ）ツバメ chelidōn のアナグラム（語句の綴りかえ）．種小名：（ギ）毛深い足．

（ラ）hirsutus，a，um 毛むくじゃらの，毛深い．用例：*Hesperomorpha hirsuta* ケブカクロナガハムシ（甲虫）．属名：（ギ）ハネカクシの１種 *Hesperus* の形をしたもの（-morpha）．（ギ）hesperos 夕方の，西方の．

（ラ）pilus 毛．派生語：pilosus 毛深い，毛むくじゃらの．用例：*Yamanowotome pilosa* イトウヤマハマダラミバエ（新称）（昆虫）．属名：日本語の山の乙女．

（ギ）thrix，trichos 体毛．派生語：trichōtos 毛深い．用例：*Trichopteromyia* タマバエの１種（昆虫）．属名：（ギ）翅（ptero-）に毛（tricho-）のあるハエ（myia）．用例：*Trichotis* 外国産のガ（蛾）の１種．

（4）しわ，皺のある，襞のある

（ラ）corrugatus，a，um 皺のよった．用例：*Philereme corrugata* エゾヤエナミシャク（蛾）．属名：（ギ）philerēmos 孤独を好む．

（ラ）plicatus，a，um 襞のある．用例：*Ornithoctona plicata* ミソゴイシラミバエ（寄生性のハエ）．鳥のミゾゴイに寄生．属名：（ギ）ornitho- 鳥の＋（ギ）ktonos 殺人，殺害．

（ギ）ptyx，ptychos 襞．用例：*Ptycholoma imitator* アミメキイロハマキ（蛾）．属名の後節：（ギ）lōma へり．種小名：（ラ）模倣者．

（ギ）rhytis，rhytidos 襞，皺．用例：*Rhytidocephalus* リティドケファルス（外国産の甲虫の１種）．属名の後節：（ギ）kephalē 頭．

（ラ）ruga 皺，襞．派生語：rugatus，a，um 皺のある．rugosus，a，

um 皺の多い．縮小形：rugulosus, a, um 小じわのよった．用例：*Rana rugosa* ツチガエル（蛙）．属名：（ラ）rana カエル（蛙）．用例：*Ogasawarazo rugosicephalus* ヒメカタゾウムシ（甲虫）．属名：近代（ラ）小笠原のゾウムシ．種小名：（ラ）皺のよった頭の．用例：*Diacamma rugosum* トゲオオハリアリ（蟻）．属名の前節：（ギ）dia- 分離を示す＋（ギ）kamma 吸い上げられたもの（中性名詞）．

（ラ）sinus 湾曲，（衣服の）ひだ．派生語：sinuosus, a, um ひだの多い．用例：*Odostomia sinuosa* イオウクチキレモドキ（貝）．属名：（ギ）歯のある口の．

（5）彫刻のある

（ラ）exsculptus, a, um 彫刻された．用例：*Dyscerus exsculptus* クリアナアキゾウムシ（甲虫）．属名：（ギ）dyscherēs 厄介な，不快な．かなり任意的な造語．

（ギ）glyphō 彫る，刻む．用例：*Glyphandrena* グリフアンドレナ（花蜂）．ヒメハナバチ *Andrena* の1亜属．（ギ）anthrēnē スズメバチ．

（6）点刻のある

（ラ）punctum 点刻（昆虫学），斑点（植物学）．派生語：punctatus, a, um 点刻のある，斑点のある．用例：*Hypera punctata* オオタコゾウムシ（甲虫）．属名：（ギ）hyperon = hyperos こん棒．

（ギ）stiktos 斑点のある．用例：*Stictonetta* ゴマフガモ（鳥）．斑点のあるカモ．（ギ）nētta カモ（鴨）．用例：*Aedes sticticus* カラフトヤブカ（蚊）．属名：（ギ）aēdēs 不愉快な．種小名：近代（ラ）斑点のある．後節 -icus は形容詞を作る接尾語，～に属する．

（7）棘，棘のある

（ラ）aculeus 棘．派生語：aculeatus, a, um 棘のある．用例：*Rhipidolestes aculeatus* トゲオトンボ（蜻蛉）．属名：（ギ）rhipis, rhipidos うちわ＋アオイトトンボ *Lestes* ＜（ギ）lēstēs 盗賊．

（ギ）akantha 棘．派生語：akanthinos 棘の．用例：*Acanthosoma crassicauda* フトハサミツノカメムシ（昆虫）．属名の後節：

（ギ）sōma 体．種小名：（ラ）厚い（太い）尾．用例：*Neopsylla acanthina* アカネズミノミの１種（蚤）．属名：（ギ）新しいノミ（psylla ＝（ラ）pulex）．

（ラ）spina 棘．派生語：spinifer ＝ spiniger 棘におおわれた；spinosus, a, um 棘のある，棘だらけの．用例：*Cordylomyia spinifera* タマバエの１種（昆虫）．属名（ギ）kordyla こん棒＋（ギ）myia ハエ．用例：*Gymnoscelis spinosa* カギモンチビナミシャク（蛾）．属名：（ギ）gymnos 裸の＋（ギ）skelos 脚．

（8）滑らかな

（ギ）aphelēs 平らな，滑らかな．用例：*Aphelocheirus vittatus* ナベブタムシ（昆虫）．属名の後節：（ギ）cheir 属格 cheiros 手．訂正名 *Aphelochirus* あり．種小名：（ラ）帯（帯状斑紋）のある．

（ラ）glaber, glabra, glabrum 毛のない，つるつるの．用例：*Praon glabrum* アブラバチの１種（寄生蜂）．属名：（ギ）praos 穏やかな．

（ラ）laevis, is, e ＝ levis, is, e 滑らかな，毛のない．用例：*Laevicardium* スベリザルガイ（貝）．属名の後節：（ギ）kardia 心臓＋縮小辞 -ium. すべすべした心臓形の貝，の意．用例：*Ochthephilus laevis* ツヤヨコセミゾハネカクシ（甲虫）．属名：（ギ）ochthē 高み，川岸＋（ギ）-philus ～を好む．

（9）裸の

（ラ）calvus, a, um 禿の，髪を剃った．用例：*Calvia quatuordecimguttata* シロジュウシホシテントウムシ（甲虫）．属名：（ラ）毛のない虫，の意．種小名：（ラ）quattuordecim 14 の＋ guttatus 斑点のある．

（ギ）gymnos 裸の．用例：*Gymnothorax kidako* ウツボ（魚）．属名の後節：（ギ）thōrax 胸，胴体．種小名：近代（ラ）ウツボの地方名．用例：*Echinosorex gymnura* ムーンラット（ジムヌラ）（食虫目）．属名：（ギ）echino- 棘の，ハリネズミの（echinos）＋（ラ）sorex トガリネズミ．種小名：（ギ）裸の尾（ジムヌラの尾 oura に毛がない）．

（ラ）nudus, a, um 裸の，衣服をつけていない．用例：*Gymnocichla nudiceps* ハゲアリドリ（鳥）．属名：（ギ）裸のツグミ（kichlē）．

縮小名：（ラ）裸の頭の.

（ギ）phalakros 禿頭の．用例：*Phalacrocorax filamentosus* ウミウ（鳥）．鵜飼いに用いるので有名な鳥．属名の後節：（ギ）korax ワタリガラス．種小名：近代（ラ）刺毛（filamentum 細い糸）の多い（-osus）．（注）同属別種のカワウの種小名を *carbo* という．炭（carbo）のように黒い鳥，の意.

（ギ）psilos 裸の，むき出しの．用例：*Psilorhamphus guttatus* ホシオタテドリ（鳥）．属名の後節：（ギ）rhamphos 嘴．鼻孔に毛がないため．種小名：（ラ）斑点のある.

第7章 動物の体の構造に関する用語

（1）体

（ラ）cadaver, -eris, n. 死体. 派生語：cadaverinus, a, um（動物の）死肉の. 用例：*Dermestes cadaverinus* カツオブシムシの1種（甲虫）. 属名：（ギ）dermestēs 皮革を食べる虫.

（ラ）corpus, corporis 体，肉，死体. 派生語：corporalis, is, e 肉体の，体の；corpulentus, a, um 太った，肥満した. 用例：*Tiphia corpulenta* フトコツチバチ（蜂）. 属名：（ギ）tiphē 昆虫の1種＋接尾辞 -ia.

（ギ）nekros 屍体. 用例：*Necrophilus* オオツヤシデムシ（甲虫）. 属名：（ギ）屍体を好むもの.

（ギ）sōma, sōmatos 体，身体. 用例：*Calosoma* アオカタビロオサムシ（甲虫）. 属名：（ギ）美しい体. 用例：*Trypanosoma* トリパノソーマ（原生動物）. 属名の前節：（ギ）trypanon 大錐. 他の動物に食い入るもの，の意.

（2）頭

（ラ）caput, captis 頭. 派生語：capitatus, a, um 頭のある. （注）caput は複合語の後節（尾語）では -ceps と変化する. 用例：*Coptosoma capitatum* オオマルカメムシ（昆虫）. 属名：（ギ）koptō 切り裂く＋（ギ）sōma 体. 用例：*Tachina breviceps* セスジハリバエの1種（昆虫）. 属名：（ギ）速く動くハエ＜ tachys 速い＋接尾辞 -ina. 種小名：（ラ）短い（小さい）頭の.

（ギ）kephalē 頭. 縮小形 kephalis, -idos 及び kephalidion. 用例：*Cynocephalus volans* ヒヨケザル（皮翼目）. 世界の珍獣の1つ. 属名：（ギ）犬の頭の. 種小名：（ラ）volo（飛ぶ）の現在分詞.

（3）顔

（ラ）facies, 顔，容貌. 用例：*Anopheles culicifacies* イエカモドキハマダラカ（昆虫）. 属名：（ギ）anōphelēs 無益な，有害な. 種

小名：（ラ）イエカ *Culex*（属格 Culicis）のような姿の.

（ギ）ōps 眼，顔，容貌．用例：*Echinops* ヒゴタイ（植物，キク科）．前節は〈棘〉を意味する（ギ）echinos（ハリネズミ，またはウニ）から．

（ギ）opsis，外観，顔（つき）．用例：*Choeropsis liberiensis* コビトカバ（偶蹄目，カバ科）．世界の珍獣の1つ．属名の前節：（ギ）choiros 豚．種小名：近代（ラ）リベリヤ（アフリカ）の．用例：*Hodotermopsis japonica* オオシロアリ（白蟻）．属名：シロアリの1種 *Hodotermes* + opsis．前節は（ギ）hodos 道.

（4）角，触角

（ラ）antenna，ae，触角．用例：*Antennarius* クマドリイザリウオ（魚）．触角のある魚，の意．用例：*Polistes chinensis antennalis* フタモンアシナガバチ（蜂）．属名：（ギ）polistēs 市の創設者．大きな巣（虫室の集合体）を建設することを表現した適切な表現．種小名：近代（ラ）中国の．亜種小名：触角の，触角に特徴のある.

（ラ）cornus，角．派生語：cornutus，a，um 角のある．複合語の後節：-cornis 角の．用例：*Capricornis* ニホンカモシカ（ウシ目，偶蹄類）．前節：（ラ）caper 属格 capri 雄ヤギ．用例：*Eunymphicus cornutus* ヘイワインコ（鳥）．属名：（ギ）eunymphos 美しい花嫁の + 接尾辞 -icus.

（ギ）keras，keratos 角，触角．用例：*Eucera sociabilis* ハイイロヒゲナガハナバチ（花蜂）．属名：（ギ）eukerōs 美しい（立派な）角のある．雄には長い美しい触角がある．種小名：近代（ラ）社交性の．集団営巣をする傾向にある．用例：*Buceros rhinoceros* サイチョウ（鳥）．ボルネオ他産．大型の鳥で，大きな嘴には突起がついている．属名：（ギ）：boukerōs 牛の角をもった．種小名：（ギ）rhinocerōs サイ（犀）.

（5）目，眼

（ラ）oculus 目．縮小形：ocellus．昆虫学では単眼．派生語：oculatus，a，um 目のある．ocellatus，a，um 小さな目（単眼）のある．用例：*Leipoa ocellata* クサムラツカツクリ（鳥）．属名：（ギ）卵を放置するもの．leipō 放置する + ōa 卵の複数形.

（ギ）omma，ommatos 眼，顔．用例：*Ommatophoca rossi* ロスアザラシ（食肉目）．属名：（ギ）眼のアザラシ（phōkē）．種小名：近代（ラ）ロス卿の．著名なイギリスの北極・南極探検家 Sir James Ross（1862没）に因む．ロス海にもその名を留める．用例：*Eucosma ommatoptera* コスソクロモンヒメハマキ（蛾）．属名：（ギ）eukosmos 端正な，優美な．種小名：（ギ）眼（状紋）のある翅の．

（ギ）ophthalmos 眼，視力．用例：*Hypophthalmoichthys moritrix* ハクレン（魚）．属名：（ギ）hypo- 下に＋（ギ）ophthalmos 眼＋（ギ）ichthys 魚．種小名：（ラ）moritor（建設者）の女性形．

（6）耳

（ラ）auris 耳．派生語：auritus，a，um 耳の長い．用例：*Plecotus auritus* ウサギコウモリ（翼手目）．属名（ギ）plekō 編む，捩る＋（ギ）ous，ōtos 耳．

（ギ）ous，ōtos 耳．用例：*Otocyon megalotis* オオミミギツネ（食肉目）．属名：（ギ）耳の犬＜ oto- ＋ kyōn 犬．種小名：（ギ）megalo- 大きな＋ -otis 耳の．用例：*Myotis myotis* オオホオヒゲコウモリ（翼手目）．トートニムの学名．（ギ）myo- ネズミの＋ -otis 耳の．

（7）鼻

（ラ）nasus 鼻．派生語：nasalis，is，e 鼻の．nasutus，a，um 大鼻の．用例：*Nasalis larvatus* テングザル（猿）．種小名：（ラ）仮面をかぶった．成獣の雄猿の鼻は巨大となる．用例：*Nasutitermes* タカサゴシロアリ（白蟻）．属名：nasutus ＋（ラ）termes シロアリ．用例：*Gasterophilus nasalis* ムネアカウマバエ（昆虫）．属名：（ギ）腹部を好むもの＜ gastero- ＋ -philus.

（ギ）rhis，rhinos 鼻．用例：*Rhinoceros unicornis* インドサイ（奇蹄目）．属名：サイの（ギ）古名 rhinokerōs．鼻の角，の意．種小名：（ラ）１つの角の．

（8）口

（ラ）os，oris 口．縮小辞：oscillum 及び osculum．用例：*Osculina polystomella* コグチカイメン（海綿動物）．属名：（ラ）小さな口の＜ osculum ＋ -ina．種小名：（ギ）多くの小さな口のある＜

polys ＋ stoma ＋縮小辞 -ella.

（ギ） stoma, stomatos 口．派生語：eurystomos 広い口の．用例：*Eurystomus orientalis* ブッポウソウ（鳥）．種小名：（ラ）東洋の．用例：*Stomoxys calcitrans* サシバエ（昆虫）．属名：（ギ）口が鋭い（oxys）．種小名：（ラ）calcitro（かかとで蹴る）の現在分詞．

（9）嘴

（ギ） rhynchos 嘴，（動物の）鼻づら．用例：*Onchorhynchus keta* サケ（鮭）（魚）．属名の前節：（ギ）onchos やじり（鏃）；重み，威信．雄の成魚の口吻を表現．種小名：サケのロシア名．用例：*Ornithorhynchus anatinus* カモノハシ（単孔類）．オーストラリア産の水生珍獣．属名：（ギ）鳥の嘴の．種小名：（ラ）カモ（anas）のような．

（ラ） rostrum 嘴．派生語：rostratus, a, um 嘴の．用例：*Trichastoma rostratum* ムナジロムジチメドリ（鳥）．属名：（ギ）trichas ウタツグミ＋（ギ）stoma 口．（注）訂正名 *Trichostoma* があるが，その必要はない．誤植ではない．用例：*Pterodroma rostrata* セグロシロハラミズナギドリ（鳥）．属名：（ギ）ptero- 翼の＋（ギ）dromos 走ること．

（10）歯

（ラ） dens, dentis 歯，牙．派生語：dentatus, a, um 歯のある．denticulatus, a, um 小さな歯のある．edentulus, a, um 歯のない．用例：*Phanerotoma dentata* コウラコマユバチの１種（寄生蜂）．属名：（ギ）phaneros はっきりとした，明らかな＋（ギ）tomē 切断．用例：*Fannia edentula* ハナシヒメイエバエ（昆虫）．属名：ローマ人の氏族名 Fannius を女性形に綴ったもの．

（ギ） odōn, odōntos 歯．用例：Odonata トンボ目（昆虫）．odōn ＋接尾辞 -ata．用例：*Odontomachus monticola* アギトアリ（蟻）．属名：（ギ）歯で戦うもの＜ machomai 戦う．種小名：（ラ）山地の住人．

（11）顎

（ギ） gnathos 顎．Gnatho- を前節とする動物の属名は非常に多い．用例：*Gnathopogon* ホンモロコ（魚）．属名：（ギ）顎のひげ．用例：*Gnathocerus cornutus* オオツノコクヌストモドキ（甲虫）．属名の後節：（ギ）keras 角，触角．種小名：（ラ）角のある．cornu 角．

（ラ）mandibula 下顎，大顎（昆虫学）．関連語：mandibularis，is，e 大顎の．用例：*Dipogon mandibularis* オオアゴベッコウバチ（仮称）（狩人蜂）．属名：（ギ）２つのひげ＜ di- + pōgōn ひげ．

(12) 胸

（ギ）thōrax ＝（ラ）thorax 胸．派生語：*thoracicus，a，um* 胸の．用例：*Thoracobombus* ハイイロマルハナバチ亜属（*Bombus* マルハナバチ属の１亜属）．（ギ）bombos ぶんぶんいう（音）．用例：*Sepsis thoracica* ツヤホソバエの１種（昆虫）．属名：（ギ）sepsis 発酵，腐敗．

(13) 腹

（ラ）abdomen，abdominis 腹．派生語：abdominalis，is，e 腹の．用例：*Macrocera abdominalis* ハラボシヒゲタケカ（昆虫）．属名：（ギ）長い触角の＜ makros + keras.

（ギ）gastēr 腹部．連結形には gastero- と gastro- の２形あり．用例：*Gasterophilus intestinalis* ウマバエ（昆虫）．幼虫は馬の内蔵に寄生する．属名：（ギ）腹部（内蔵）を好むもの．種小名：（ラ）腸の．用例：*Gastroserica brevicornis* コヒゲシマビロウドコガネ（甲虫）．属名の後節：*Serica* ビロウドコガネ＜ sericus 絹状の，絹状光沢のある．種小名：（ラ）短い触角の．

（ラ）venter，ventris 腹，胃．派生語：ventralis，is，e 腹の．ventriosus，a，um ＝ ventricosus，a，um 太鼓腹の．用例：*Syrphus ventralis* ヒラタアブの１種（昆虫）．属名：（ギ）syrphos 小さな生き物．種小名：（ラ）腹の，腹部の．用例：*Haemodipsus ventricosus* ウサギジラミ（昆虫）．属名：（ギ）haemo- 血の＜ haima 血 +（ギ）dipsa 渇き，欲望．

(14) 手，右手の，左手の

（ギ）cheir，cheiros 手．派生語：cheironomeō 身振りをする．cheironomos パントマイム風に手を動かす人．用例：*Chironomus* ユスリカ（昆虫）．ユスリカ科は世界中に分布する非常に大きなグループ．邦産種多数．用例：Chiroptera 翼手目．コウモリの類．手の翼，の意．用例：*Cheirogaleus* フトオビコビトキツネザル（原猿類）．属名の後節：（ギ）galeē イタチ様の動物．

（ラ）manus 手．派生語：manuscriptus 手書きの．英語の manuscript（原稿）の語源．学名に用例なし．

（ギ）dexia 右手．関連語：dexios 右方の．用例：*Dexia flavipes* セスジナガハリバエ（昆虫）．種小名：（ラ）黄色い足の．用例：*Dexistes rikuzenius* ミギガレイ（魚）．属名：右手の魚，の意．-istes は行為者を示す（ただし任意の造語）．一般にカレイの眼は体の右方についている．種小名：近代（ラ）陸前の．

（ラ）dextra 右手，右．dexter 右の，右手の．用例：*Dextroformosana* デキストロフォルモサーナ（軟体動物）．体の右方が美しいもの，の意．

（ギ）aristeros 左の，左手．用例：*Aristerospira* アリステロスピラ（原生動物）．左巻きの生き物，の意．（ギ）speira とぐろ．

（ギ）laios 左の．用例：*Laeocochlis* ラエオコクリス（軟体動物）．（ギ）kochlis 小さな巻貝．

（ラ）sinistra 左手，sinister 左の．用例：*Sinistraspis* シニストラスピス（外国産のカイガラムシの１種）．属名の後節：（ギ）aspis 盾．カイガラムシの虫体を盾に例えたもの．

（15）脚，足（踝から下の部分）

（ラ）crus 脚．用例：*Andrena ruficrus* アカアシヒメハナバチ（花蜂）．属名：（ギ）anthrēnē（スズメバチ）の綴り変え．種小名：（ラ）赤い脚．

（ラ）pes，pedis 足．派生語：pediculus 小さな足（昆虫のシラミという意味もある）．用例：*Sepedophilus pedicularius* キノコハネカクシ（甲虫）．属名：（ギ）sēpedōn 腐敗（物）＋（ギ）-philus ～を好む．種小名：小さな足の．

（ギ）pous，podos 脚．用例：Arthropoda 節足動物．（ギ）arthron 関節．*Dasypoda* シロスジケアシハナバチ（花蜂）．属名：（ギ）毛深い脚．用例：*Macropus rufus* アカカンガルー（有袋類）．属名（ギ）大きな脚．種小名：（ラ）赤い．

(16) 翼，翅

（ラ）ala 翼．派生語：alaris, is, e 翼の．alarius, a, um 翼の．alatus, a, um 翼のある．用例：*Psalidothrips alaris* クダアザミウマの１種（昆虫）．属名：（ギ）psalis, psalidos 鋏＋アザミウマ属 *Thrips* ＜（ギ）thrips 木を食うウジ虫．用例：*Lestica alata* エゾギングチバチ（狩人蜂）．属名：（ギ）lēstikos 海賊を働く，海賊．

（ラ）penna 翼．派生語：pennatus, a, um 翼のある．pennifer = penniger 翼のある．用例：*Necydalis pennata* ホソコバネカミキリ（甲虫）．属名：（ギ）nekydalos カイコ（蚕）の幼虫．用例：*Platycheirus pennipes* オオハラハナアブ（仮称）（昆虫）．属名：（ギ）平たい手（足を表現）．種小名：（ラ）翼のある足の．

（ギ）pteron 翼．派生語：pterophoros 翼のある．用例：*Pterophorus albidus* シロトリバ（蛾）．種小名：（ラ）やや白い．

（ギ）pteryx, pterygos 翼．用例：Pterygota 昆虫の有翅亜綱．接尾辞 -ota．

(17) 皮膚

（ラ）crusta 堅い外皮，殻．用例：Crustacea 甲殻綱．接尾辞 -aceus ～に関する．

（ギ）derma, dermatos 皮膚，獣皮．用例：Dermoptera ヒヨケザル目（＝皮翼目）．（ギ）pteron 翼．用例：*Dermochelys coriacea* オサガメ（亀）．属名の後節：（ギ）chelys カメ（亀）．種小名：（ラ）coriaceus 革質の．用例：*Dermatoxenus clathratus* ウスヒョウタンゾウムシ（甲虫）．属名の後節：（ギ）xenos 客人，よそ者．種小名：（ラ）格子のついた．

（ラ）pellis 皮膚，皮．派生語：pelliceus 皮でできた．用例：*Microtus pelliceus* ヨシハタネズミ（げっ歯類）．属名：（ギ）micro- 小さな＋（ギ）ous, ōtos 耳．

第8章 動物の行動に関する用語

（1）集まる

（ラ）congrego 集まる，集める．派生語：congregabilis 群居する．congregatio 集まること，集合．用例：*Congregopora* コングレゴポラ（腔腸動物，外国産）．属名の後節：（ラ）porus 体の導管，孔．

（ラ）grex，gregis 群れ，群衆．派生語：gregalis，is，e 群れに属する，群れをなす．gregarius，a，um 群れに属する，群れをなす．用例：*Eremomela gregalis* キゴシヒメムシクイ（鳥）．属名：（ギ）砂漠で歌うもの < erēmos 砂漠 + melos 歌．用例：*Pelecystoma gregarium* カモドキコマユバチ（寄生蜂）．属名：（ギ）pelekys 両刃の斧 + （ギ）stoma 口．

（2）争う，戦う

（ラ）arma 道具，武器，戦争．派生語：armatus，a，um 武装した．用例：*Phyllobius armatus* リンゴコフキゾウムシ（甲虫）．属名：（ギ）葉（phyllon）に生きるもの．

（ラ）certo 戦う，争う．派生語：certatus，a，um 戦いの．名詞 certatus（闘争）もある．用例：*Thoracophorus certatus* ヤマトホソスジハネカクシ（甲虫）．属名：（ギ）（特徴的な）胸のある．

（ギ）daiphrōn 好戦的な，獰猛な．用例：*Daephron* ダイフロン（外国産の甲虫）．

（ギ）dysdēris 手強い，やっと戦う．*Dysdera* イノシシグモ（蜘蛛）．

（ギ）dyseris 喧嘩好きな，用例：*Dyseris* ディセリス（ハエ目の1種，昆虫）．

（ギ）machomai 戦う，格闘する．用例：*Odontomachus* アギトアリ（蟻）．歯（odōn）で戦うもの．戦う実態は知らないが，このアリには大きな大顎がある．

（ラ）pugno 戦う，格闘する．派生語：pugnator 戦う者．pugnax 好戦的な．用例：*Betta pugnax* トウギョ（魚）．闘魚．属名：任意の造語．熱帯魚として愛玩される．

（ラ）rixa けんか，いさかい．派生語：rixosus, a, um けんか好きな．用例：*Machetornis rixosus* ウシタイランチョウ（鳥）．属名：（ギ）machētēs 闘争者，戦士＋（ギ）ornis 鳥．

（3）歩く

（ラ）ambulo あちこち歩く，散歩する．派生語：ambulator ぶらぶら歩く者，散歩する人．用例：*Acroricnus ambulator* キアシオナガトガリヒメバチ（寄生蜂）．属名：（ギ）akros 頂点の＋（ギ）rhiknos 縮んだ，衰えた．

（ギ）bainō 歩む．関連語：akrobateō 爪先で歩く．batēs 歩く人．用例：*Hylobates concolor* クロテテナガザル（猿）．属名：（ギ）森を行く（歩く）もの．（ギ）hylē 森．種小名：（ラ）同じ色の．用例：*Acrobates pygmaeus* チビフクロモモンガ（オーストラリア産の樹上性の有袋類）．属名：（ギ）爪先で歩く人，曲芸師．種小名：（ラ）小人の．

（ギ）saulos よちよち歩きの．用例：*Copsychus saularis* シキチョウ（鳥）．属名：（ギ）kopsichos クロウタドリ（英名 blackbird）．種小名の後節：（ラ）-aris 形容詞を作る．所属や関係を示す．

（ラ）tardigradus, a, um 歩みののろい，足の遅い．用例：*Loris tardigradus* ホソロリス（猿）．属名：近代（ラ）道化者．オランダ語の loeris のラテン語化．

（4）生きる，住む，群居する

（ギ）bioō 生きる，暮す．派生語：bios 生命，生活．Biology 生物学．用例：*Hydrobius pauper* スジヒメガムシ（甲虫）．属名：（ギ）hydro- 水＋-bius 生きるもの．種小名：（ラ）pauper 貧弱な．用例：*Myrmecobius fasciatus* フクロアリクイ（有袋目）．属名：アリ（myrmēx）に生きるもの．種小名：（ラ）帯（帯状斑紋）のある．

（ラ）colo 住む，居住する，耕す．派生語：agricola 農夫．monticola 山地の住人．（注）現代では形容詞化して，-colus, a, um（～に住む）という用法もある．用例：*Monticola saxatilis* コシジロイソヒヨドリ（鳥）．種小名：（ラ）saxatilis 岩間に住む．用例：*Lathrobium monticola* チビコガネナガハネカクシ（甲虫）．属名：（ギ）lathro- ひそかに + -bium ～に生きる．用例：*Falco rusticolus* シロハヤブサ（鳥）．属名：（ラ）falco タカ（鷹）．種小名：（ラ）rusticola（田舎にすむ人）の形容詞形．

（ラ）grex，gregis 群れ，群衆．派生語：gregalis，is，e 群れをなす．gregarius，a，um 群れをなす，群れに属する．用例：*Eremomela gregalis* キゴシヒメムシクイ（鳥）．属名：（ギ）砂漠で歌を歌う鳥，の意 < erēmos 砂漠 + melos 歌．用例：*Schistocerca gregaria* サバクトビバッタ（昆虫）．大きな集団で移動しながら農作物に大害を与える．飛蝗．主産地はアフリカ．属名：（ギ）schistos 分かれた，裂けた＋（ギ）kerkos 尾．

（5）動く

（ラ）agito たえず動かす，かき回す．関連語・派生語：agilis，is，e 動きやすい，敏捷な．agitatus，a，um 機敏な，活動的な．用例：*Philonthus agilis* コガシラハネカクシ（甲虫）．属名：（ギ）動物の糞を好むもの < phileō 愛する + onthos 糞．用例：*Metasyrphus agitatus* ホソオビヒラタアブ（昆虫）．属名：（ギ）後の（meta-）ハナアブ（ヒラタアブ）*Syrphus* <（ギ）syrphos 小さな昆虫の１種．

（ギ）kineō 動かす．派生語・関連語：kinēsis 動き，運動．kinētos 動く，変わりやすい．用例：*Dyscinetus* ディスキネートゥス（外国産の甲虫の１種）．（ギ）dyskinētos 動きにくい．

（ギ）polyplanktos 絶えず動き回っている．用例：*Polyplancta aurescens* ホウセキハチドリ（鳥）．種小名：（ラ）金色の，金色になった．

（ギ）tachykinētos 速く動く．用例：*Tachycineta thalassina* スミレミドリツバメ（鳥）．種小名：（ギ）海のような色の < thalassa 海＋接尾辞 -ina.

（6）遅い，のろい

（ギ）bradys ゆっくりした，のろい．用例：*Bradybatus limbatus* ヘリアカナガハナゾウムシ（甲虫）．属名：（ギ）bradys +（ギ）batos 通行できる．種小名：（ラ）縁どりのある．用例：*Bradypus torquatus* タテガミナマケモノ（貧歯目）．属名：（ギ）足ののろい．種小名：（ラ）首飾りをつけた．

（ギ）nōthros 遅い，緩慢な，鈍重な．用例：*Nothra* ノースラ（外国産の双翅目の昆虫）．用例：*Nothrus* ノースルス（外国産のクモの１種）．

（ラ）tardus，a，um 動きの遅い，のろい．派生語：tardigradus，a，um 歩みののろい，足の遅い．tardipes 歩みののろい．用例：*Loris tardigradus* ホソロリス（霊長目）．属名：オランダ語の loeris のラテン語化．道化者，の意．用例：*Eulomalus tardipes* チャイロチビヒラタエンマムシ（甲虫）．属名：（ギ）しっかり縁のついたもの＜ eu- よい＋ loma（衣服の）縁＋縮小辞 -ulus.

（7）恐れる，臆病な

（ギ）blosyros 恐ろしい，身の毛のよだつ．用例：*Blosyrus japonicus* マルカククチゾウムシ（甲虫）．種小名：近代（ラ）日本の．

（ギ）deinos 恐ろしい，危険な．英語 Dinosaur 恐竜類．恐ろしいトカゲ，の意．用例：*Dinoptera minuta* ヒナルリハナカミキリ（甲虫）．属名：（ギ）恐ろしい翅．種小名：（ラ）minutus 小さい．

（ギ）gorgos 恐ろしい，獰猛な．用例：*Gorgus* ゴルグス（外国産の甲虫の１種）．参考：Gorgōn 有翼蛇髪の怪物（ステンノー，エウリュアレー，メドゥーサの３人娘をいう）．*Gorgon taurinus* オグロヌー（偶蹄目）．種小名：（ラ）雄牛のような．

（ラ）horreo 恐れる，身震いする．派生語：horribilis，is，e 恐ろしい，驚くべき．horridus，a，um 恐ろしい．（注）関連語に horresco（恐れる）あり．用例：*Ursus arctos horribilis* グリズリー（アメリカヒグマ）（食肉目）．属名：（ラ）クマ（熊）．種小名：（ギ）arktos クマ．

（ギ）phobeō 恐れさせる，恐れる．派生語：phobos 恐怖．用例：*Androphobus viridis* セミドリチメドリ（鳥）．属名：（ギ）人を怖がる鳥，の意＜ anēr，andros 男＋ phobos．種小名：（ラ）緑の．

（ギ）smerdaleos 見るも恐ろしい．用例：*Smerdalea horrescens* フルエカメムシ（昆虫）．種小名：（ラ）horresco（震える，恐れる）の現在分詞．

（8）踊る

（ラ）ballo 踊る，ダンスをする．用例：*Ballus japonicus* クモガタハエトリ（蜘蛛）．種小名：近代（ラ）日本の．（注）派生語に，ballator あり．踊り手．

（ギ）choreuō 踊る．派生語：choreutēs 踊り手，ダンサー．女性形は choreutis．choros 踊り．用例：*Choreutis* ホソガ科の1種（蛾，英国産）．

（ギ）orcheomai 踊る．派生語：orchēstēs 踊り手．女性形は orchēstris．用例：*Orchestes* ノミゾウムシの1種（甲虫）．ノミゾウムシ属 *Rhynchaenus* の亜属．（ギ）rhynchaina 大きな鼻をもつ．

（ラ）salto 踊る．派生語：saltatorius, a, um 踊りの．saltator 踊り手．saltatrix 女の踊り手．salticus, a, um 踊りの．用例：*Saltator coerulescens* ハイイロイカル（鳥）．種小名：（ラ）青い，暗青色の．用例：*Salticus scenicus* ゼブラハエトリグモ（蜘蛛）．種小名：（ラ）舞台の．用例：*Trichocera saltator* オドリガガンボダマシ（昆虫）．属名：（ギ）tricho- 毛の，毛のある＋（ギ）keras 角，触角．用例：*Saldula saltatoria* ミズギワカメムシ（昆虫）．属名：小さなオオミズギワカメムシ属 *Salda*（任意の造語で特に意味はない）．

（9）泳ぐ

（ラ）nato 泳ぐ．派生語：natans 泳いでいる（現在分詞）．natator 泳ぐ人．用例：*Natator* ナタトル（爬虫綱）．用例：*Pontomyia natans* サモアオヨギユスリカ（昆虫）．属名：（ギ）海（pontos）のハエ（myia）．

（ギ）nechō 泳ぐ．派生語：nēktēs 泳ぐ人．nēktos 泳ぐ（形容詞）．用例：*Nectogale elegans* ミズカキカワネズミ（食虫目）．属名：（ギ）泳ぐイタチ（galē）．種小名：（ラ）優雅な．用例：*Notonecta triguttata* マツモムシ（昆虫）属名：（ギ）脊泳ぎ．背を下に腹を上にして泳ぐ珍虫．種小名：（ラ）3つの斑点のある．

（10）隠す，隠れる

（ギ）aphanēs 隠れている，見えない．派生語：aphantos 眼に見えない，隠された．用例：*Aphanes* アファネース（半翅目，昆虫）．用例：*Aphanocephalus hemisphericus* クロミジンムシダマシ（甲虫）．属名：（ギ）隠れた頭の．種小名：（ギ）半球形の．

Aphantocephala アファントケファラ（鱗翅目，昆虫）．属名：（ギ）隠れた頭の．

（ラ）celo 隠す．派生語：celatus，a，um 隠れた，隠された．celator 隠す者，隠匿者．用例：*Celatoria* ケラトリア（広義のハエの1種）．用例：*Platysoma celatum* ヒメナガエンマムシ（甲虫）．属名：（ギ）扁平な体．

（ギ）kryptō 覆う，隠す．派生語：kryptos 隠れた，隠された．（注）*Crypto-* を前節とする動物の属名は多い．用例：*Cryptocephalus* ツツハムシ属（甲虫）．隠れた頭の．

(11) 狩る

（ギ）ichneuω（犬が臭いで）跡を追う，狩る．派生語：ichneumōn 追跡者，すなわち，（1）エジプト産のイタチの1種，（2）クモを狩るハチの1種．用例：*Ichneumon* ヒメバチ属（寄生蜂）．種類は多い．用例：*Herpestes ichneumon* エジプトマングース（食肉目）．属名：（ギ）herpēstēs 這って歩く（動く）もの．獲物に忍び寄る習性を表現．

（ギ）nyktereutēs 夜間に狩りをする人．用例：*Nyctereutes procyonoides* タヌキ（狸）．種小名：近代（ラ）アライグマ *Procyon* に似たもの．この属名は〈前の犬〉すなわち犬の祖先，という意味の命名．

（ギ）theraō 狩る，漁る，捕える．派生語：thēratēs 狩人．用例：*Therates* シロスジメダカハンミョウ（甲虫）．

（ラ）venor 狩りにゆく，狩る．派生語：venator 狩人．venatorius，a，um 狩りの．用例：*Trypeticus venator* ホソツツエンマムシ（甲虫）．属名：（ギ）trypētēs 穿孔する人＋接尾辞 -icus．用例：*Heterpoda venatoria* アシダカグモ（蜘蛛）．属名：（ギ）異なった（異質の）足の．

(12) 殺す

（ラ）carnifex 死刑執行人．用例：*Phoenicircus carnifex* ギアナアカクロカザリドリ（鳥）．属名：（ギ）phoenico- 紫紅色の＋（ギ）kirkos タカの1種．

（ラ）interficio 殺す．派生語：interfector 殺害者．用例：*Mimetus interfector* ホンハラビロセンショウグモ（蜘蛛）．属名：（ギ）

mimētos 模倣すべき.

（ギ）kteinō 殺す．派生語：ktonos 殺人．用例：*Dendroctonus micans* エゾマツオオキクイムシ（甲虫）．属名：（ギ）樹木を殺すもの．種小名：（ラ）きらめく．

（ラ）neco 殺す，滅ぼす．派生語：necator 殺害者．用例：*Necator americanus* アメリカ鉤虫（線虫綱）．種小名：近代（ラ）アメリカの．

（ギ）phonos 殺害，殺人．用例：*Phonophilus* フォノフィルス（蜘蛛）．殺害を好むもの．クモは捕食性．

（ラ）trucido 虐殺する，殺戮する．派生語：trucidatus，a，um 殺害の．trucidator 殺害者．用例：*Thamnophilus trucidatus* タムノフィルス（外国産甲虫の１種）．属名：（ギ）thamno- 藪の，灌木の＋ -philus 好む．

(13) さ迷う，放浪する

（ラ）erro 放浪する，うろつく．派生語：errabundus，a，um さ迷う，放浪する．errans うろついている（現在分詞）．erraticus，a，um 放浪の．errator 放浪者．用例：*Rivula errabunda* トビイロフタテンアツバ（蛾）．属名：（ラ）小川．翅の模様から．用例：*Phytomia errans* ミナミオオハナアブ（昆虫）．属名：（ギ）植物のハエ，の意で，*Phytomyia* の誤植．用例：*Pachyprotasis erratica* コキモンハバチ（昆虫）．属名：（ギ）pachys しっかりした，厚い＋（ギ）protasis 前提.

（ギ）planaō 放浪する，さ迷う．派生語：planētēs 放浪者．planētos 放浪する．用例：*Periplaneta fuliginosa* クロゴキブリ（昆虫）．属名：（ギ）periplanēs さ迷い歩く＋ -eta ＜ -etes 行為者を示す．種小名：（ラ）すす色の＜ fuligo，ginis すす＋接尾辞 -osus ～に満ちた.

（ラ）vago = vagor さ迷う，放浪する．派生語：vagabundus，a，um 放浪する，さすらいの．vagans さすらう，さ迷う（現在分詞）．vagus，a，um さ迷う．用例：*Vaga* ハワイシジミ（蝶）．ハワイの固有種．さ迷ってハワイにたどりついた，という意味の命名．用例：*Chiasmia vagabunda* ギンネムエダシャク（蛾）．属名：chiasma 十字架などの横棒＋接尾辞 -ia．用例：*Culex vagans* スジアシイエカ（昆虫）．属名：（ラ）culex カ（蚊）.

(14) 食べる，飲む

（ギ）boros 大食の．関連語：diaboros 食いつくす，むさぼり食う．polyboros 大食の．用例：*Boros* ツヤキカワムシ（甲虫）．*Diaborus* ディアボルス（北米産の昆虫の1種）．*Polyborus plancus* カラカラ（鳥）．種小名：（ラ）ワシ（鷲）の1種．

（ギ）daptō むさぼり食う．用例：*Daptomys peruviensis* ペルーヒメウオクイネズミ（げっ歯目）．属名の後節：（ギ）mys ネズミ．種小名：近代（ラ）ペルーの．

（ギ）edō =（ラ）edo 食う，大食する．関連語：edestēs 食べる者．edōdē 食物．用例：*Myadestes unicolor* ムジヒトリツグミ（鳥）．属名：（ギ）mya ハエ（= myia）+ edestēs 食べる者．種小名：（ラ）単一色の．用例：*Lentinula edodes* シイタケ（椎茸）．属名：（ラ）lentus 柔軟な + 縮小辞 -ula．種小名：（ギ）食物の．edōdē の属格．（注）植物学ではこの種小名を〈江戸の〉というとんでもない間違った解釈をしている．拙著『生物学名辞典』の「囲み記事（18）シイタケの学名：その本当の意味」（208頁）を参照されたい．

（ギ）kaptō 飲む．用例：*Captorhinus* カプトリーヌス（爬虫綱）．属名の後節：（ギ）rhinos 皮膚，または（ギ）rhis，rhinos 鼻．

（ラ）manduco かむ，食べる．また，大食漢 = manducus．用例：*Manducus* マンドゥークス（魚，ヨコエソ科）．

（ギ）phagein 食べる．複合語の後節では -phagos となり，学名では -phagus（男性形），-phaga（女性形）と用いられる．用例：*Onthophagus viduus* マルエンマコガネ（甲虫）．属名：（ギ）糞（onthos）を食べるもの．種小名：（ラ）独身の．

（ギ）trōgō かむ，食べる．用例：*Trogon* キヌバネドリ（鳥）．主にアメリカ大陸産で，美麗な鳥．ホルネオ他の豪華美麗蝶のアカエリトリバネアゲハ *Trogonoptera* の語源にもなっている．

（ラ）voro むさぼり食う．派生語：vorax がつがつ食う．用例：*Cochliomyia hominivorax* ラセンウジバエ（昆虫）．幼虫はアメリカにおける家畜の大害虫．不妊虫放飼による害虫防除の先駆的研究の対象となったことで有名．属名：（ギ）小さな巻貝 kochlis + myia ハエ．種小名：（ラ）人を食べる（ハエ）．

(15) 飛ぶ

（ギ）petomai 飛ぶ，空中に浮かぶ．関連語：eupetēs よく飛ぶ．

ōkypetēs 速く飛ぶ．用例：*Eupetes macrocerus* クイナチメドリ（鳥）．種小名：（ギ）長い尾の．macrocercus の誤植．用例：*Ocypetes* オーキペテース（外国産のクモの１種）．

（ラ）volo 飛ぶ．派生語：volans 飛んでいる（現在分詞）．volitans 飛びまわる（現在分詞）．用例：*Pteromys volans* タイリクモモンガ（エゾモモンガ）（げっ歯目）．属名：（ギ）翼の（pteron）あるネズミ（mys）．用例：*Exocoetus volitans* イダテントビウオ（魚）．属名：exōkoitos 浜にきて寝る魚の１種（産卵のために浜におしよせる魚の意であろう）．用例：*Xylocopa appendiculata circumvolans* クマバチ（花蜂）．属名：（ギ）xylokopos 木を切り倒す．種小名：（ラ）appendicula ちょっとした添え物＋接尾辞 -ata 所有や類似を示す．亜種小名：（ラ）circumvolo の現在分詞，周りを飛んでいる，飛んでいる．

（16）跳ぶ，踊る

（ギ）ampedaō 跳びあがる．用例：*Ampedus ainu* アイヌアカコメツキ（甲虫）．コメツキムシをひっくり返しておくと，やがてピョンと跳びあがる．奇習である．種小名：近代（ラ）アイヌ．

（ギ）haltikos 跳躍に秀でた．用例：*Halticiella insularis* クロトビメクラガメ（昆虫）属名：メクラカメムシの１属 *Halticus*（日本未知）＋縮小辞 -ella．種小名：（ラ）島の．日本列島を表現．

（ギ）pēdaō 跳ぶ，跳躍する．派生語：pedetes 跳ぶ人，ダンサー．用例：*Pedetes* トビウサギ．リス型のげっ歯目で，アフリカ南部産．

（ラ）salto 踊る．派生語：saltator 踊り手．用例：*Saltator* マミジロイカル属（鳥）．

（17）鳴く（虫が）

（ギ）bembix ぶんぶんいう虫．用例：*Bembix* ハナダカバチ属（狩人蜂）．非常に敏捷な蜂で，その羽音を表現．砂地に営巣する．

（ギ）bombos ぶんぶんいう音．用例：*Bombus* マルハナバチ（花蜂）．大型，多毛の花蜂で，花粉媒介に有用．世界の温帯に広く分布し，種類数が多い．

（ラ）pipo ぴいぴい鳴く．用例：*Pipunculus* アタマアブ属（昆虫）．属名の後節：縮小辞 -unculus．かすかな翅音がするため．実際に音は聞こえない．

（ギ）psithyros ささやく．用例：*Psithyrus* マルハナバチヤドリ（花蜂）．マルハナバチの巣に寄生する花蜂．

(18) 逃げる

（ラ）fugio 逃げ去る．派生語：fugax 逃げ足の速い．fugiens 逃げる（現在分詞）．用例：*Botanophila fugax* エゾハナバエ（昆虫）．属名：（ギ）植物を好む．用例：*Anthicus fugiens* アカホソアリモドキ（甲虫）．属名：（ギ）anthikos 花が咲いている．

（ギ）pheugō 逃げる，避ける．派生語：pheuktikos 避けようとする．用例：*Pheucticus ludvicianus* ムネアカイカル（鳥）．種小名：近代（ラ）ルイジアーナの．ルイジアーナの英語 Lousiana をラテン語化したもの．

(19) 盗む

（ギ）kleptō こっそり盗む．派生語：kleptēs 泥棒．用例：*Cleptes venustus* ヒウラセイボウモドキ（蜂）．種小名：（ラ）愛らしい．（注）命名者は属名の意味を知らなかったようである．愛らしい泥棒などいる筈がない．

（ラ）latro 盗賊．用例：*Latrodectus* ゴケグモ属（蜘蛛）．属名の後節：（ギ）dēktēs 噛みつく人．

（ギ）lēstēs 盗賊．用例：*Lestes dryas* エゾアオイトトンボ（蜻蛉）．種小名：（ラ）dryas 森の妖精（ギリシア神話）．

（ギ）phōra 盗み．用例：*Phora* ノミバエ属（昆虫）．小さなハエの１種で，行動は極めて敏捷．

（ラ）plagio 盗む．派生語：plagiator 誘拐者．用例：*Ephedrus plagiator* クロアブラバチ（寄生蜂）．属名：（ギ）ephedros ～の上に座る．

（ラ）raptor 強奪者，掠奪者．用例：†*Oviraptor* オビラプトル（肉食恐竜）．卵泥棒，の意．発見当時は卵泥棒とみなされたが，実は鳥のように抱卵していたらしい．（注）恐竜の属名の後節に *-raptor* はかなりある．

(20) 眠る，眠い

（ラ）dormio 眠る．派生語：dormitator 眠る人．dormitor 眠る人．用例：*Dormitator somnulentus* 外国産のカワアナゴの１種（魚）．

種小名：（ラ）somnolentus = somnulentus 眠い，眠気におそわれた．用例：*Crassinarke dormitor* ネムリシビレエイ（魚）．属名：（ラ）crassus 厚い，太った＋シビレエイ属 *Narke* ＜（ギ）narkē シビレエイ．

（ギ）hypnos 眠り．Hypnos 眠りの神．派生語：hypnēlos 眠そうな．用例：*Hypnos* シビレエイの 1 属（魚）．外国産．用例：*Hypnelus* ノドアカオオガシラ属（鳥）．

(21) 這う，忍び寄る

（ギ）herpō 這う，忍び寄る．派生語：herpēstēs 這う，這いまわる；爬虫類の動物．用例：*Herpestes javanicus* ジャワマングース（食肉目）．種小名：近代（ラ）ジャワの．（注）ハブ駆除のためにインドから沖縄に輸入されたが，現在は鶏などを襲う害獣になっている．

（ラ）repo 這う．派生語：reptilis，is，e 這う．用例：Reptilia 爬虫類．

（ラ）serpo 這う，ゆっくり進む．派生語：serpens 這う（現在分詞）．用例：*Serpens flexibilis* グラム陰性好気性桿菌の 1 種（細菌）．種小名：（ラ）曲げやすい，しなやかな．

(22) 走る

（ラ）curro 走る，急ぐ．派生語：cursor 走る人．cursorius 走りの．cursitans 走りまわっている（現在分詞）．用例：*Cursorius cursor* スナバシリ（鳥）．属名も種小名も走りに関係する．脚は長い．危険がせまると，直立不動の姿勢で追っ手をやり過ごしてから一目散に走って逃げる．用例：*Xylocoris cursitans* コバネアシブトハナカメムシ（昆虫）．属名：（ギ）樹木の（xylon）カメムシ（koris）．

（ギ）dromos 走ること．派生語：dromas 全速力で走ること．用例：*Dromas ardeola* カニチドリ（鳥）．種小名：（ラ）小さなサギ（ardea）．

（ギ）trechō 走る．用例：*Trechus vicarius* オンタケチビゴミムシ（甲虫）．属名：よく走るもの．種小名：（ラ）代理人．

(23) 速い

（ラ）agilis，is，e すばやい，敏捷な．用例：*Anairetes agilis* タテジマカラタイランチョウ（鳥）．属名：（ギ）anairetēs 破壊者，人ごろし．訂正名 *Anaeretes* あり．

（ギ）aiolos 速い，敏速な．用例：*Aeolus* アエオルス（昆虫）．外国産の甲虫の１種．

（ラ）celer，celeris，celere すばやい，迅速な．用例：*Thermococcus celer* テルモコックス・ケレル（細菌）．属名：（ギ）thermos 短気な，性急な（熱い，という意味もある）＋（ギ）kokkos 穀粒，種子．用例：*Colpognathus celerator* コルポグナートゥス・ケレラトル（寄生蜂）．ヒメバチ科の１種．属名：（ギ）kolpos ひだ，窪み＋（ギ）gnathos 顎．種小名：（ラ）すばやく動くもの＜celer ＋接尾辞 -ator 行為者を示す．

（ラ）currax 敏捷な．用例：*Scopaeus currax* ヒメクビボソハネカクシ（甲虫）．属名：（ギ）skopaios こびと，一寸法師．

（ギ）eudromos 速い，よく走る．用例：*Eudromia elegans* カンムリシギダチョウ（鳥）．属名：（ギ）速く走る鳥，の意．種小名：（ラ）優雅な．

（ギ）ōkys 速い，すばやい．派生語：ōkydromos 速く走る．ōkypous 脚の速い．用例：*Ocydromus* オーキドロムス（外国産の甲虫の１種）．用例：*Ocypus gloriosus* キンバネハネカクシ（甲虫）．種小名：（ラ）名誉ある，評判の．

（ラ）pernix すばやく動く，敏捷な．用例：*Paranthrene pernix* ヒメアトスカシバ（蛾）．属名：（ギ）anthrēnē（スズメバチ）に近いもの．この蛾はハチに擬態している．

（ギ）tachys 速い，急速な．同義語：tachinos．用例：*Tachina fera* セスジハリバエの１種（昆虫）．属名：tachinos の女性形．ハリバエ類の行動は敏捷である．種小名：（ラ）ferus の女性形，野生の，粗野な．

（ラ）velox 迅速な，機敏な．用例：*Vulpes velox* スウィフトギツネ（食肉目）．属名：（ラ）キツネ（狐）．

(24) 掘る

（ラ）fodio 掘る．派生語：fodiens 掘る（現在分詞）．fossor 掘る人，田舎者．用例：*Onthophagus fodiens* フトカドエンマコガネ（甲虫）．属名：（ギ）糞（onthos）を食べる（-phagus）．用例：*Fossoria* フォッソリア（軟体動物の１種）．属名：fossor ＋接尾辞 -ia．

（ギ）oryssō 掘る，掘りだす．派生語：oryktēs 掘る人．用例：*Oryctes rhinoceros* タイワンカブトムシ（甲虫）．沖縄産．種小名：（ギ）サイ（犀）用例：*Orussus* ヤドリキバチ（昆虫）．（ギ）掘りだす人，の意．寄生性のキバチ（樹蜂）の1種．

（ギ）skaptō 掘る，掘り返す．用例：*Scaptomyza acuta* トガリヒメショウジョウバエ（昆虫）．属名の後節：（ギ）myzō 吸う．種小名：（ラ）acutus の女性形，鋭い，先のとがった．

(25) 守る

（ギ）amynō 守る，防ぐ．派生語：amyntōr 防御者．用例：†*Amynodon* アミュノドン（哺乳類の化石）．属名：（ギ）防ぐ歯（odōn）．用例：*Amintor* アミントール（甲虫）．外国産．

（ラ）custodio 見張る，監視する，保護する．関連語：custos 監視人，保護者．用例：*Arma custos* チャイロクチブトカメムシ（昆虫）．属名：（ラ）道具，武器．

（ラ）tutus 危険から守られた，安全な．用例：*Migiwa tutus* キアシミズギワコメツキ（甲虫）．属名：近代（ラ）日本語の水際．

(26) 見る

（ギ）derkomai 見る，注視する．関連語：dysderkēs ぼんやりした，（視力などが）弱い．oxyderkēs 目（視力）の鋭い．用例：*Dysdercus* アカホシカメムシ（昆虫）．棉の害虫．属名は語尾が改変されている．用例：*Oxyderces* オクシデルケース（甲虫）．外国産．視力の強い虫，の意．

（ギ）opsis 顔つき，見る力，眼．関連語：amblyōpos 視力の弱い．euōps よく見える．用例：*Amblyopsis spelaea* ドウクツウオの1種（ノーザーン・ケイブフィッシュ）（魚）．属名：（ギ）amblys 鈍い，弱い + opsis 眼，見る力．眼は皮膚下に痕跡をとどめるだけ．種小名：（ラ）洞穴の．

（ラ）specto 見る，注視する．派生語：spectabilis 見ることのできる，見える，美しい．用例：*Galeruca spectabilis* スジグロオオハムシ（甲虫）．属名：（ラ）galea 革製のかぶと +（ラ）eruca イモムシ，毛虫．

(27) 潜る

（ギ）dyō 沈める，潜水する．派生語：dyptēs ＝ dytēs 潜水者．用例：*Ammodytes personatus* イカナゴ（魚）．属名：（ギ）砂（ammos）に潜るもの．種小名：（ラ）仮面をつけた，偽りの．

（ギ）kolymbaō 水中に潜り込む，泳ぐ．派生語：kolymbētēs 潜水夫．用例：*Colymbetes* コリムベーテース（甲虫）．欧州産．

（ラ）mergo 沈める，沈む．派生語：demergo 沈める．demersus，a，um 沈んだ（過去分詞）．用例：*Spheniscus demersus* ケープペンギン（鳥）．属名：（ギ）小さな楔＜sphēniskos．sphēn（楔）の縮小形．

第9章 環境に関する用語

(1) 空，天

（ラ）caelum 空，天．派生語：caelestis，is，e 空の，天の．caelicola 天界の住人，神．用例：*Caelicola* カエリコラ（鱗翅目）．外国産，現状不明．

（ギ）ouranos 天，天界，空．用例：*Urania fulgens* ナンベイツバメガ（蛾）．蝶と紛らわしい美麗な蛾．属名：天界の住人，の意．種小名：（ラ）輝いている．fulgeo（輝く）の現在分詞．

(2) 太陽

（ギ）hēlios 太陽，太陽神．派生語：hēliōtēs = hēliōtis 太陽の．（注）Helio- を前節とする属名は非常に多い．用例：*Heliozela* ツヤコガ（蛾）．後節は（ギ）zēlos 羨望．この蛾が日中活動性のため．用例：*Heliophobius* デバネズミ（げっ歯目）．後節は（ギ）phobos 恐怖．太陽を恐れるもの，の意．用例：*Heliotes* 外国産甲虫の1種．

（ラ）sol，solis 太陽，太陽神．派生語：solaris，is，e 太陽の．用例：*Caloptilia solaris* コガネハマキホソガ（蛾）．属名：（ギ）美しい翅の蛾，の意＜ kalos ＋ ptilon ＋接尾辞 -ia．

(3) 月

（ラ）luna 月，月の女神．派生語：lunaris，is，e 月の．用例：*Actias luna* アメリカオオミズアオ（蛾）．最も美麗な蛾の1種．属名：アテネの．用例：*Caesio lunaris* ハナタカサゴ（魚）．属名：（ラ）打ちのめすこと，殺害．

（ギ）mēnē 月．派生語：mēniskos 三日月．用例：*Mene maculata* ギンカガミ（魚）．種小名：（ラ）斑紋のある．用例：*Meniscus obsoletus* クロツヤオナガヒメバチ（寄生蜂）．種小名：（ラ）みすぼらしい，使い古した．

（ギ）selēnē 月，月光．派生語：selēnion 小さな月，月光．用例：*Selenarctos thibetanus* ツキノワグマ（熊）．属名：（ギ）月の熊

(arktos). 腹側の前胸に三日月状の白斑があるのを指す. 種小名：近代（ラ）チベットの. 用例：*Selenia lunularia* 欧州産のエダシャク（蛾）の1種. 種小名：(ラ) 小さな三日月形の. 斑紋の形から.

(4) 星

(ギ) astēr, asteros = (ラ) aster, asteris. 派生語：(ギ) asterias 星をちりばめた. また, 鳥の1種の名. 連結形に astero- と astro- の2形あり. 用例：*Asterias* マヒトデ（ヒトデ綱). 用例：*Picumnus asterias* クロヒメキツツキ（鳥). 属名：ローマ神話の兄弟神の1人.

(5) 日, 昼

(ラ) dies 日, 1日；昼間, 日中. 派生語：diurnus, a, um 日中の, 昼間の. meridianus, a, um 正午の, 真昼の. antemeridianus, a, um 午前の. postmeridianus, a, um 午後の. 用例：*Diurnea* メスコバネマルハキバガ（蛾). この蛾の昼行性を表現.

(ギ) hēmera 日, 昼間. 派生語：ephēmeros 1日限りの. hēmerinos 昼間の. 用例：*Ephemera* モンカゲロウ（昆虫). 成虫は短命.

(6) 夜, 夕方

(ラ) nox, noctis 夜, 闇. 派生語：noctiluca 夜輝くもの（すなわち, 月). 用例：*Noctiluca scintillans* ヤコウチュウ（夜行虫）(原生動物). 種小名：(ラ) きらめいている. scintillo（きらめく）の現在分詞. 用例：*Noctua* ナカグロヤガ（蛾). ヤガ科のタイプ属. 属名は（ラ）夜動くもの. フクロウ（梟）という意味もある.

(ギ) nyx, nyktos 夜. 派生語：nyktereutēs 夜狩りをするもの. nykteris コウモリ. 用例：*Nyctereutes* タヌキ（狸). *Nycteris* ケブカミゾコウモリ（翼手目).

(ラ) vesper = vespera 夕方, 金星（宵の明星). 派生語：vespertilio コウモリ. vespertinus, a, um 夕方の. 用例：*Vespertilio* ヒナコウモリ（翼手目). 用例：*Cassida vespertina* コガタカメノコハムシ（甲虫). 属名：(ラ) かぶと（金属製の). 形の類似から.

（7）風，暴風

（ギ）Aiolos ＝（ラ）Aeolus 風の神．用例：*Aeolus*（甲虫）．欧州産．

（ラ）Favonius 西風，西風の神．用例：*Favonius* オオミドリシジミ（蝶）．美麗な蝶．

（ギ）typhōn ＝（ラ）typhon 台風．用例：*Typhonia* 鱗翅目の 1 種．現状不明．

（8）雲

（ギ）nephelē 雲，乱雲．用例：*Nephelornis* ペルーミツドリ（鳥）．後節は（ギ）ornis 鳥．ペルー山地の濃霧中に住む．

（ラ）nubes 雲．派生語：nubifer，fera，ferum 雲を頂いた，雲をもたらす．用例：*Polypedilum nubifer* ヤモンユスリカ（昆虫）．属名：（ギ）polys 多い＋（ギ）pedilon サンダル，靴．（注）種小名は *nubiferum* とするのが正しい．

（9）雨

（ギ）ombros 雨，大雨．用例：*Ombria* 鳥の 1 種．現状不明．

（ラ）pluvia 雨，降雨．派生語：pluvialis ＝ pluvius 雨の．pluviosus 雨の多い．用例：*Pluvialis* ムナグロ（鳥）．雨を好むための命名．用例：*Anthomyia pluvialis* 和名なし．ハナバエ科の 1 種（昆虫）．属名：（ギ）花のハエ．

（10）雪

（ギ）chiōn 雪．派生語：chioneos 雪の．chionōdēs 雪深い，雪のように白い．用例：*Chionea* クモガタガガンボ（昆虫）．雪上に出現する．用例：*Chionis* サヤハシチドリ（鳥）南極海域諸島に産する．

（ラ）nix 雪．派生語：nivalis 雪の，雪のつもった．niveus 雪の，雪のように白い．用例：*Plectrophenax nivalis* ユキホオジロ（鳥）．属名：（ギ）けづめを誇示するもの＜ plēktron 鶏のけづめ＋phenax 欺瞞，詐欺．用例：*Lomographa nivea* ウスオビシロエダシャク（蛾）．属名：（ギ）衣服の縁に図のある＜ lōma ＋graphē．

(11) 大地

（ギ）gē 地，大地．派生語：geōmetreō 土地を測量する．用例：*Geococcix velox* コミチバシリ（鳥）．属名：（ギ）地上性のカッコウ（kokkix）．種小名：（ラ）速い，迅速な．用例：*Geometra valida* クロスジアオシャク（蛾）．属名は幼虫の歩む姿（ループを作りながら）に由来．種小名：（ラ）validus 強い，逞しい．

（ラ）fumus 大地，地面．派生語：humilis，is，e 低い，身分が卑しい．用例：*Cerapachys humicola* ツチクビレハリアリ（蟻）．属名：（ギ）触角（keras）が厚い（pachys）．種小名：（ラ）土に住むもの．用例：*Megachile humilis* スミスハキリバチ（花蜂）．属名：（ギ）巨大な（mega-）口唇（cheilos）．

(12) 山

（ラ）mons，montis 山．派生語：montanus，a，um 山の．monticola 山地の住人．montivagus，a，um 山中をさまよう．用例：*Monticola solitarius* イソヒヨドリ（鳥）．種小名：（ラ）孤独な．用例：*Nemophora montana* ヤマヒゲナガ（仮称）（蛾）．属名：（ギ）糸（ひげ）をもつもの．*Nematophora* が正しい造語．nēma，nematos 糸．用例：*Aeronautes montivagus* カタジロアマツバメ（鳥）．属名：（ギ）空中を航走するもの．nautēs 船乗り．

（ギ）oros，oreos 山，丘．用例：*Oreogeton nippon* ニッポンセダカオドリバエ（昆虫）．属名：（ギ）山の隣人＜ oreo- 山の + geitōn 隣人．

(13) 谷

（ギ）napē 森林地帯の渓谷．用例：*Napothera epilepidota* コサザイチメドリ（鳥）．属名：（ギ）渓谷で狩りをする鳥＜ napē + thēra 狩猟．種小名：（ギ）上面が鱗で覆われた＜ epi- + lepidōtos 鱗のある．

（ラ）valles = vallis 谷，渓谷．派生語：convallis 渓谷．用例：*Phora convallium* タニノミバエ（昆虫）．属名：（ギ）phōra 盗み，盗人．種小名：（ラ）小さな渓谷．-ium は縮小辞．

(14) 森

（ギ）drymos 森，茂み．用例：*Drymophila caudata* オナガアリドリ

（鳥）．属名：森を好む鳥，の意．種小名：（ラ）尾のある．

（ギ）hylē 森林．派生語：hylaios 森の．用例：*Hyla arborea* ニホンアマガエル（蛙）．種小名：（ラ）arboreus の女性形，樹木の．用例：*Hylaeus floralis* スミスメンハナバチ（花蜂）．種小名：（ラ）花の．また，フローラ女神の．

（ラ）silva 森，森林．派生語：silvaticus, a, um 森の，（動植物が）野生の．用例：*Silvia atricapilla* ズグロムシクイ（鳥）．属名：（ラ）森の鳥，の意．種小名：（ラ）atri- 黒い + capillus 毛髪．用例：*Murina silvatica* ニホンコテングコウモリ（翼手目）．属名：（ラ）ネズミ（mus 属格 muris）のような．

(15) 野

（ラ）ager（連結形 agri-）野．派生語：agricola 農夫．用例：*Gelechia agricolaris* ユウヤミキバガ（蛾）．属名：（ギ）土地の上に寝る < gēlechēs + -ia．種小名：（ラ）農夫の < agricola + 接尾辞 -aris．所属や関係を示す．

（ギ）agros 野，畑．派生語：agronomos 牧草地の．また，田園に住む．用例：*Casmara agronoma* ホソバキホリマルハキバガ（蛾）．属名：語源不詳．

(16) 水

（ラ）aqua 水．派生語：aqualis, is, e 水の，雨の．aquarius, a, um 水の，水に関する．aquaticus = aquatilis 水生の，水中の．用例：*Apotomopterus aquatilis* マークオサムシ（甲虫）．属名：（ギ）apotomos 切り離す +（ギ）-pterus 翅の．用例：*Sminthurides aquaticus* ミズマルトビムシ（昆虫）．属名：クロマルトビムシ *Sminthurus* に似たもの．語尾の -ides は〈～の子孫〉の意．または〈～の形の〉．（ギ）sminthos ネズミ +（ギ）oura 尾．

（ギ）hydōr 水．連結形は hydato- と hydro- の 2 形あり．用例：*Hydatophylax* クロモンエグリトビケラ（昆虫）．属名（ギ）水を監視するもの．用例：*Hydrobius pauper* スジヒメガムシ（甲虫）．属名：（ギ）水に生きるもの．種小名：（ラ）貧弱な．

(17) 川

(ラ) flumen，属格 fluminis 流れ，流水，川．派生語及び関連語：fluvius 川，流れ．fluminalis = flumineus 川の．fluvialis = fluviatilis 川の．用例：*Porzana fluminea* ミナミヒメクイナ（鳥）．属名：クイナのイタリア語名．用例：*Rheotanytarsus fluminis* ホンシュウナガレユスリカ（昆虫）．属名：（ギ）rheos 流れ＋アシナガユスリカ属 *Tanytarsus* < tany- 長い＋ tarsos 足．用例：*Caedius fluviatilis* ツメアカマルチビゴミムシダマシ（甲虫）．属名：（ラ）caedes 殺害＋接尾辞 -ius.

(ギ) potamos 河川，流れ．用例：*Potamonectes hostilis* コシマチビゲンゴロウ（甲虫）．属名：（ギ）流を泳ぐもの< potamos + nēktēs 泳ぐ人．種小名（ラ）敵意ある．用例：*Hippopotamus amphibius* カバ（河馬）．属名：カバのギリシア古名< hippos ウマ＋ potamos 川．種小名：（ギ）amphibios 両棲の．

(18) 海

(ギ) hals 属格 halos．派生語：halimos 海の．用例：*Halimus* ハリムス（甲殻類）外国産．用例：*Halobates micans* ツヤウミアメンボ（昆虫）．属名：（ギ）海を歩くもの< hals + batēs 行くもの，歩くもの．種小名：（ラ）きらめく．

(ラ) mare 属格 maris 海．派生語：marinus 海の，航海の．maritimus 海の．用例：*Caedius marinus* マルチビゴミムシダマシ（甲虫）．属名：（ラ）caedo 殺す，襲いかかる＋接尾辞 -ius．用例：*Calidris maritima* ムラサキハマシギ（鳥）．属名：（ギ）kalidris シギの1種．

(ギ) pelagos =（ラ）pelagus 海，外洋．派生語：pelagicus，a，um 海の．用例：*Neptunus pelagicus* タイワンガザミ（蟹）．属名：（ラ）神話の海神ネプトゥーヌス（ギリシア神話のポセイドーン Poseidon にあたる）．

(ギ) pontos =（ラ）pontus 海，沖．用例：*Pontomyia pacifica* セトオヨギユスリカ（昆虫）．属名：（ギ）海のハエ．種小名：近代（ラ）太平洋の．特異な形と習性を持つユスリカの1種．

(ギ) thalassa 海．用例：*Thalassoica antarctica* ナンキョクフルマカモメ（鳥）．属名：（ギ）海を家とする鳥，の意．oikos 住家．種小名：近代（ラ）南極の．

(19) 湖

（ラ）lacus 湖，池．派生語：lacustris 湖水生の．用例：*Hydrocassis lacustris* マルガムシ（甲虫）．属名：（ギ）hydro- 水の＋（ラ）cassis 兜．ガムシの姿を兜に見立てたもの．

（ギ）lakkos 池．用例：*Laccophilus difficilis* ツブゲンゴロウ（甲虫）．属名：（ギ）池を好むもの．種小名：（ラ）困難な，厄介な（種の同定が）．

(20) 沼沢

（ギ）helos，属格 heleos．用例：*Heleodromia* オドリバエ科の1属（昆虫）．沼地を走るもの＜（ギ）helos＋（ギ）dromos 走ること＋接尾辞 -ia．用例：*Helotrephes* タマミズムシ属（甲虫）．前節は Heleo- となるのが正しい．後節は（ギ）trephō 養い育てる．沼沢地で育つもの，の意．

（ギ）limnē 沼沢，池．派生語：limnaios 沼沢地にすむ，沼沢の．用例：*Gammarus limnaeus* ヌマヨコエビ（ヨコエビ目）．属名：（ラ）cammarus ＝ gammarus ウミザリガニ．

（ラ）palus 属格 paludis 沼，沼地．派生語：paluster，stris，stre 沼地の，沼地に生ずる．用例：*Sylvilagus palustris* ヒメヌマチウサギ（ウサギ目）．属名：（ラ）silva ＝ sylva 森＋（ギ）lagōs ノウサギ．

（注）属名は男性．故に種小名は *paluster* が正しい．

(21) 石，岩

（ラ）lapis，lapidis 石，大理石．派生語：lapidarius 石の，石切りの；石工．lapidator 投石者．用例：*Ectemnius lapidarius* メスキンギングチバチ（蜂）．属名：（ギ）ektemnō 切り落とす＋接尾辞 -ius 形容詞を作る．用例：*Trogus lapidator* ムラサキアツバヒメバチ（寄生蜂）．属名：（ギ）trōgō 噛む，食べる．

（ギ）lithos 石，宝石，大理石．関連語：lithourgos 石工．用例：*Lithophaga curta* イシマテガイ（貝）．属名；（ギ）石を食べるもの．砂岩やサンゴに穿孔する．種小名：（ラ）curtus の女性形，割れた，壊れた．用例：*Lithurgus collaris* キホリハナバチ（花蜂）．枯れ木に穿孔して営巣する．種小名：（ラ）首に特徴のある，の意．

（ギ）petra 岩，岩山＝（ラ）petra 岩，石．用例：*Petricola* イワホリ

ガイ（貝）．やわらかい岩に穴をほって生息する．-cola ～に住む人．

(22) 砂

（ギ）ammos 砂．用例：*Ammodytes personatus* イカナゴ（魚）．属名：（ギ）砂に潜るもの．すなわち〈蛇の1種〉．これを魚に転用．種小名：（ラ）仮面をつけた，偽りの．用例：*Ammophila* アモフィラ．ジガバチ（狩人蜂）の1種．砂地（あるいは柔らかい土）に穴を掘って造巣する．

（ラ）arena 砂，砂地．*Arenaria interpres* キョウジョシギ（鳥）．属名：砂地の鳥，の意．種小名：（ラ）仲介者，使者，警告者．警戒音を出して，危険を他の鳥に伝えるため．

第10章　学名よもやま話

本章には，私が今までに著わした学名解説の本（例えば『生物学名概論』（東京大学出版会，2002年），『生物学名辞典』（東京大学出版会，2007年），『日本語でひく動物学名辞典』（東海大学出版部，2015年）など）に「囲み記事」と題して発表したものの中から，本書に相応しいと思われるものを選んで採録する．また，新たに書き加えたものもある．

（1）分類学的研究の結果が学名に表示される

学名は分類学的研究の結果が表示されたものである．至極当然な話で，ここに取り立てて述べるまでもない．しかし，分類学者は，まず，属とは何か，種とは何か，についてしっかりした見解を持つべきである．そのための格好な参考書の１つとして拙著『生物学名概論』（東京大学出版会）をあげておきたい．特にその中の囲み記事「属とは何か」，「種とは何か」と「エピラクナ問題と学名の決定」の一読をお勧めしたい．

また，拙著『生物学名命名法辞典』（平凡社）の第１章の「学名の基礎的知識」は研究者必見のものである．その内容は，第１節　学名の形式，第２節　属名とその由来，第３節　ギリシア語の複合語，第４節　種（小）名とその由来，第５節　属名の性に分けて解説されている．

（2）日本の博物学の発展に貢献した江戸時代来朝の外国人

日本の博物学は江戸時代の本草（ほんぞう）の研究を基点として発達したが，近代的な学問として開花したのは，江戸末期に来朝して活動した外国人の貢献による．とくに1690年（元禄３年）に来航して２年滞在したドイツ人ケンペル（Engelbert Kaempfer），1775年（安永４年）に来航して１年滞在したスウェーデン人のツュンベリー（Carl Peter Thunberg），1823年（文政６年）に来日して６年間滞在したドイツ人のシーボルト（Philipp Franz von Siebold）の名を忘れることはできない．

この３偉人の業績は上野益三博士（1973年）の名著『日本博物学史』（平凡社）に詳しい．

ここで，シーボルトが長崎の出島に残した石碑を紹介しておきたい．

図3．シーボルトが建立したケンペルとツュンベリーの記念碑（平嶋義宏撮影）．

それはケンペルとツュンベリーを偲んだもので，いまでも現存する．この石碑については上野益三博士（1973年）が写真入りで紹介されている．私も『生物学名概論』の「囲み記事」として紹介した（59頁）．いまここにシーボルトが書いた碑文を再録しておこう．また，呉　秀三氏の格調高い訳文をそえた．

E. Kaempfer,

C. P. Thunberg

Ecce! virent Vestrae hic plantae florentque quotannis.

Cultorum memores, serta feruntque pia.

Dr. von Siebold

ケンペル，ツュンベリーよ

見られよ．君たちの植物がここにくる年毎に緑そい咲きいでて，

そが植えたる主を忍びては，愛でたき花の鬘（かずら）をなしつつあるを．

ドクトル　フォン　シーボルト

この碑文は私が現地で写しとったものである．呉氏の訳文は上野博士の著書より転写した．

この石碑は，日本の文化的遺産に指定し，広く天下に広報し，永久に保存すべきであると思う．

(3) 小さな甲虫が大きな世界の珍獣を食った話

カモノハシといえばオーストラリアの東岸とタスマニア島のみに生息する珍獣で，卵を産む哺乳類は本種とハリモグラのみである．口には鳥のカモのような嘴があり（カモノハシの名の由来），四肢の指の間には泳ぐための水かきが発達している．英名を duckbill（鴨の嘴）または platypus（扁平足）という．この珍獣の標本が最初にイギリスに到着したときには，獣に鳥の嘴をくっつけた偽物だ，と大騒ぎになった由である．

イギリスの動物学者 G. Shaw 博士がその扁平な足とカモのような嘴に着目して，1799年に *Platypus anatinus* すなわち〈カモのような嘴をもつ扁平な足の獣〉と命名した．そこで platypus という英名が発生した．

ところが，動物界ではすでに *Platypus* という属名が存在していた．甲虫のナガキクイムシである．6年前の1793年に命名されていた．そこでカモノハシの *Platypus* はホモニムとなり，失格した．現在の属名は *Ornithorhynchus* である．ギリシア語で鳥の嘴，という意味である．

(4) 種小名（種形容語）におけるハイフンの使用

植物学では，種形容語にハイフンを用いることができる．マメ科のアメリカデイゴ（カイコウズ）*Erythrina crista-galli* の種小名がその例である．属名はギリシア語で〈赤いもの〉の意で，花が赤いため．種小名はラテン語で〈雄鶏の（galli，gallus の属格）とさか（crista)〉という意味．

動物学では，原則としてハイフンの使用は認められない．このような場合には *cristagalli* と用いねばならない．ただし例外がある．例えば蝶のキタテハ *Polygonia c-aureum* の種小名にはハイフンが認められている．それは〈金色の c〉という意味で，この種小名は属名と同格におかれた複合語の中性名詞である．アルファベットの文字はすべて中性であることに注意したい．

(5) 数詞の使い方

数詞をラテン語やギリシア語で扱うにはかなりの熟練がいる．ここにその例を示そう．

1 (ギ) mono-　例：*Monodon* イッカク（鯨）．1本の角，の意．
　(ラ) uni-　例：unicolor 単一色の．*Cosmia unicolor* ミヤマキリガ（蛾）．属名：(ギ) kosmos 秩序，飾り，美しさ．

2 (ギ) di-　例：*Dipus* キタミユビトビネズミ（げっ歯目）．2本足，の意．
　(ラ) bi-　例：bicornis 2つの角の．*Chaetocnema bicolorata* フタイロヒサゴトビハムシ（甲虫）．属名：(ギ) chaeto- 毛髪＋(ギ) knēmē 脛．種小名：(ラ) 2つの色のついた．

3 (ギ) tri-　例：*Triodon* ウチワフグ（魚）．3本の歯．
　(ラ) tri-　例：trigonus 三角（形）の．*Tabanus trigonus* ウシアブ（昆虫）．属名：(ラ) アブ（虻）．

4 (ギ) tetra-　例：*Tetracerus quadricornus* ヨツヅノカモシカ（偶蹄目）．雄には2組の角がある．属名：4本の角の．種小名：(ラ) 4本の角の．
　(ラ) quadri- 及び quadru-　例：*Pentaphyllum quadricornis* ヨツノチビゴミムシダマシ（甲虫）．属名：5つの葉 (phyllon)．種小名：(ラ) 4本の角の．例：quadrupes 4本足の．学名の用例なし．

5 (ギ) penta-　例：*Pentatoma* カメムシ（昆虫）．5つに切断（分割）されたもの．触角の節数をいう．
　(ラ) quinque　例：quinquefasciatus 5つの帯（状斑紋）のある．*Culex pipiens quinquefasciatus* ネッタイイエカ（蚊）．属名：(ラ) カ（蚊）．種小名：(ラ) ピーピー鳴く．pipo の現在分詞．

6 (ギ) hexa-　例：Hexapoda 六脚類（昆虫類 Insecta の別称）．*Hexacentrus* ウマオイ（昆虫・直翅目）．(ギ) kentron 先の尖ったもの．
　(ラ) sex　例：sexpunctatus 6つの斑点のある．*Cryptocephalus sexpunctatus* ムツボシツツハムシ（甲虫）．属名：(ギ) 隠れた頭の＜ kryptos ＋ kephalē 頭．

7（ギ）hepta　例：*Heptamelus* ナナフシハバチ（葉蜂）．melos 四肢．

（ラ）septem- 及び septen-　例：*Chrysopa septempunctata* ヨツボシクサカゲロウ（昆虫）．属名：（ギ）chrysōps 属格 chrysōpos 金色の，金のように輝く．種小名：（ラ）７つの斑点のある．例：septentrio 北斗七星．septentrionalis 北方の．*Migiwa curatus septentrionalis* エゾキアシミズギワコメツキ（甲虫）．属名：日本語の水際．水辺にいる虫，の意．種小名：（ラ）世話の行き届いた．

8（ギ）octa- 及び octo-　例：*Octopus* マダコ（蛸）．８足，の意．

（ラ）octa- 及び octo-　例：*Bembidion octomaculatum* ヒメマダラケシミズギワゴミムシ（甲虫）．属名：（ギ）bembix ぶんぶんいう昆虫＋縮小辞 -idion．種小名：８つの斑点のある（中性形）．

9（ギ）ennea　例：*Enneapterigius* ヘビギンポ（魚）．ennea＋（ギ）pterygion 小さな鰭．

（ラ）novem，noven-　例：*Apogon novemfasciatus* タスジイシモチ（魚）．属名：（ギ）ひげの無い．種小名：（ラ）９つの帯状斑紋のある．

10（ギ）deca　例：Decapoda 十脚目（エビ・カニの類）．

（ラ）decem　例：*Lema decempunctata* トホシクビボソハムシ（甲虫）．属名：（ギ）lēma 勇気，傲慢．

（6）接頭辞 a- の意味と解釈

学名の a- は一般に否定の意味に用いられる．例えばニュージーランドの珍鳥キーウィの *Apteryx* やヨーロッパアマツバメの *Apus* は特に有名である．前者は無翼，後者は無足の意である．そこで，学名の a- は常に否定の意と思いこむ人もいるが，それは間違いで，強調の意もあれば修辞もある．例えば atenēs（堅固な，不屈な）や asperches（熱心に，休みなく）は強調の例（この例示は『ギリシャ語辞典』による）．

学名では寄生蜂のサムライコマユバチ *Apanteles* に注意が必要である．この属名はギリシア語源で，a- と pantelēs（完全無欠な，すべてをなし遂げる）の複合語である．普通は a- を否定の意と考えるであろう．現にそのように解説した語源辞典もある．しかし，この寄生蜂の実情をしれば，その行動は完全無欠である，と評価される．そうでなければ寄生生活は成り立たない．故に a- は否定でなく，強調もしくは特に意味を持たない修辞である，と思われる．

（7）奇想天外な命名法（1），アベ・ユーフォ・タマバチ

属名の造語法にはいろいろな手法がある．私は拙著『学名論』（2012年）のなかで，その手法を22に分類して示した．その１つにアクロニム（頭文字語，頭字語）の利用をあげておいた．アクロニム acronym とは，例えばユネスコ（国連教育科学機関）の UNESCO もその１つである．United Nations Educational, Scientific, and Cultural Organization の各語の頭文字を組み合わせて作った語である．

私はいつかはこのようなアクロニムの学名が動物の世界に現れるであろうと思っていた．それが遂に登場したのである．何とそれが未確認飛行物体のユーフォー UFO（Unidentified Flying Object）であった．それが空に出現したのではなく，昆虫学の世界に．

阿部芳久教授（現九州大学教授）が京都府立大学の助教授時代に日本で奇妙なタマバチを発見した．研究を委託したハンガリーの友人 G. Melika と J. Pujade-Villar の両博士がそれを新属新種と認め，*Ufo abei* と命名して発表したのである（Acta Zool. Acad. Sci. Hung., 51(4): 313-327, 2005）．命名者の２人もこの珍奇なタマバチをみて吃驚仰天したのである．私はすかさずそれにアベ・ユーフォ・タマバチという新和名をつけた．

去年（2014年）の暮のことであった．私はこの *Ufo* という面白い属名の存在を京都大学のある有名な魚類分類学者に話したら，彼はのっけからそれを信じなかった．それもまた面白い話の１つである．

（8）奇想天外な命名法（2），細菌の場合

細菌は非常に大きなグループである．その学名は「国際細菌命名規約」によって規定されている．種の表現に属名＋種小名（種形容語）とするのも動物や植物と同様である．

私は細菌の学名を調べていて，本当に吃驚した属名に遭遇した．それは腸内細菌科 Enterobacteriaceae の *Cedecea* 属である．この科の中には大腸菌，チフス菌，志賀赤痢菌やペスト菌なども含まれる．

さて，その *Cedecea* という属名であるが，Bergey の細菌学テキストによれば，ジョージア州のアトランタにある Center for Disease Control

のアクロニム CDC に由来するという．これに e を加えて Ce-De-Ce とし，最後に -a を加えて造語したものである．実に驚くべき発想である．

なお，推測を逞しくすれば，この属名 *Cedecea* の命名者は，鳥の属名に *Zetetes*（現状不明）があることを知っていて，その形に魅力を感じていたのかもしれない．その語源はギリシア語の zētētēs（探究者）である．

（9）奇想天外な命名法（3），シーザー・ムスメインコ

シーザー・ムスメインコの発見と命名については，私は拙著『生物学名辞典』の941頁（囲み記事111）に「最近目にした面白い学名」と題して紹介した．その学名を *Vini vidivici* という．一見してややこしい学名にみえる．

属名の *Vini* はタヒチ島，ボラボラ島の土語でムスメインコの名である（『鳥類学名辞典』による）．種小名はどうか．命名者の説明によれば，〈紀元前47年に，Zela の戦いでポントス王パルナケース Pharnaces をあっけなく破ったユリウス・シーザーの雄叫び‘veni, vidi, vici’（私は来た，見た，勝った）に因んだもの〉である，という．むかし，ポリネシアの島に人が来た，そして土着の鳥（インコ）を見た，そして食べた（骨を残して）という事実を表現したものという．

紀元前の英雄の勝利の雄叫びが現代の学名に生きた，という面白い例である．

なお，この鳥はビショップ博物館の考古学者篠遠喜彦博士がマルケサス諸島で発見された異物（足の骨）から記載されたもので，すでに絶滅している．約2000年前にポリネシア人が島にたどりつくまでは生存していたのである．

（10）属名と種小名が同じ意味の学名

属名と種小名が，同じ意味を持つ学名がある．片方がギリシア語で一方がラテン語，あるいは２つともギリシア語で，またはラテン語で，という具合で，細菌，植物，動物に見られる．細菌では根瘤バクテリア *Rhizobium radicola*，植物ではヒゴタイ *Echinops setifer* あるいはサカネラン *Neottia nidus-avis* ほか．根瘤バクテリアは〈根に生きるもの〉，ヒゴタイは〈棘のあるもの〉，サカネランは〈鳥の巣〉という意味である．

動物の学名にも多い．属名のアルファベット順に示してみよう．

（１）*Acherontia styx* メンガタスズメ（蛾）．三途の川．

（2）*Ammophila sabulosa* サトジガバチ（狩人蜂）．砂地を好む，砂地の．
（3）*Anodontia edentulus* カブラツキガイ（貝）．歯のない．
（4）*Anthocephala floriceps* ハナガサハチドリ（鳥）．花の頭．
（5）*Asio otus* トラフズク（鳥）．ミミズク．
（6）*Bonasa bonasia* エゾライチョウ（鳥）．野牛（の声の）．
（7）*Cerastes cornutus* クサリヘビ（蛇）．角のあるもの．
（8）*Cervus elaphus* アカシカ（鹿）．シカ．
（9）*Corvus corone* ハシボソガラス（鳥）．カラス．
（10）*Coryphaena hippurus* シイラ（魚）．シイラ．
（11）*Cygnus olor* コブハクチョウ（鳥）．ハクチョウ．
（12）*Diceros bicornis* コクサイ（犀）．２本の角の．
（13）*Electrophorus electricus* デンキウナギ（魚）．電気を持つ，電気の．
（14）*Enhydra lutris* ラッコ（海獣）．カワウソ．
（15）*Grus vipio* マナヅル（鳥）．ツル．
（16）*Hexapus sexpes* ムツアシガニ（蟹）．６本足．
（17）*Inachis io* クジャクチョウ（蝶）．ギリシア神話のイーオー（イーナコスの娘）．
（18）*Monodon monoceros* イッカク（海獣）．１本の角の．
（19）*Mugil cephalus* ボラ（魚）．ボラ．
（20）*Nanophyes pygmaeus* ハッチョウトンボ（蜻蛉）．小人の．
（21）*Nipponia nippon* トキ（鳥）．日本（の鳥）．
（22）*Otus scops* コノハズク（鳥）．コノハズク．
（23）*Pan paniscus* ピグミーチンパンジー（猿）．ギリシア神話の森の神パーン．
（24）*Pelecanus onocrotalus* モモイロペリカン（鳥）．ペリカン．
（25）*Philomachus pugnax* エリマキシギ（鳥）．戦いを好む．
（26）*Semeiophorus vexillarius* フキナガシヨタカ（鳥）．旗手（軍旗をもつもの）．
（27）*Toxotes jaculator* テッポウウオ（魚）．射手．
（28）*Upupa epops* ヤツガシラ（鳥）．ヤツガシラ．
（29）*Ursus arctos* ヒグマ（熊）．クマ．
（30）*Xiphias gladius* メカジキ（魚）．メカジキ．

(11) 奇想天外な命名法（4），昆虫のユスリカの場合

佐々　学先生といえば著名な衛生動物学者で，東京大学医科学研究所長，国立公害研究所長，富山医科薬科大学長などの要職を歴任された方であるが，晩年，ユスリカの分類学的研究をはじめられた．徳永雅明先生のユスリカの標本を九州大学が所蔵していたので，その標本を見に九大に来学されたので，私も佐々先生と面識ができ，テニスまで一緒に楽しんだことがある．お上手であった．閑話休題．

佐々先生は沢山のユスリカの新種を命名されたが，その命名の発想には奇想天外とよんでよいユニークさがある．そのいくつかを紹介したい．和名は私が適宜に選定したものである．

（1）産地名と和名を組み合わせたもの（あまり多くない）．

Polypedilum tamahosohige ホソヒゲユスリカ（仮称）．属名：（ギ）polys 多い＋（ラ）-pedilum 小さな足．種小名：多摩川の細ひげ．

Polypedilum tamasemusi セムシユスリカ（仮称）．種小名：多摩川の瀬虫．

Stictochironomus tamamontuki モンツキユスリカ（仮称）．属名：（ギ）stiktos 斑点のある＋ユスリカ属 *Chironomus* ＜（ギ）パントマイム風に手を動かす人，ポーズをとる人．種小名：多摩川の紋付．

（2）産地名とラテン語の形容詞を組み合わせたもの（非常に多い）．

Polypedilum tamanigrum タマクロユスリカ（仮称）．種小名：多摩川の黒いもの．

Micropsectra chuzelonga チュウゼンジコナガユスリカ（仮称）．属名：（ギ）mikros 小さな＋（ギ）psektra 馬ぐし（金属製の歯のついた）．種小名：中禅寺湖の長いもの．

Orthocladius tamanitidus タマヒカリユスリカ（仮称）．属名：（ギ）orthos 真っ直ぐな＋（ギ）klados 枝＋接尾辞 -ius．種小名：多摩川の光もの．

Orthocladius tamaputridus タマクサレユスリカ（仮称）．種小名：多摩川の腐ったもの＜ putridus.

Orthocladius tamarutilus アカヒカリユスリカ（仮称）．種小名：多摩川の赤く輝くもの＜ rutilus.

（3）産地名と発見番号を組み合わせたもの（非常に多い）

Camptochironomus biwaprimus ビワコイチバンユスリカ（仮

称）．属名：（ギ）kamptos よく曲った＋ユスリカ *Chironomus*. 種小名：琵琶湖で第1に発見されたもの．

Glyptotendipes biwasecundus ビワコニバンユスリカ（仮称）．属名：（ギ）Glyptos 彫られた＋（ラ）tendo 伸ばす＋（ラ）pes 足．種小名：琵琶湖で2番目に発見されたもの．

Chironomus fujitertius フジサンバンユスリカ（仮称）．種小名：富士山で3番目に発見されたもの．

（4）産地名と人名を組み合わせたもの（あまり多くない）．

Tanytarsus tamagotoi タマゴトウユスリカ（仮称）．属名：（ギ）tany- 長い＋（ギ）tarsos 足．種小名：多摩川の後藤氏．

（5）産地名とギリシア語風の日本語を組み合わせたもの（3例）

Limnophyes tamakireides タマキレイユスリカ（仮称）．属名：（ギ）沼地に生まれたもの．種小名：多摩川奇麗です．

Limnophyes tamakitanaides タマキタナイユスリカ（仮称）．種小名：多摩川汚いです．

Limnophyes tamakiyoides タマキヨイユスリカ（仮称）．種小名：多摩川清いです．

後3者の種小名は「多摩奇麗です」「多摩汚いです」「多摩清いです」とれっきとした日本語であるが，これを横文字に綴ってみると，語尾が見事に -ides（あるいは -oides）とギリシア語風になっている．見事な力量である．

勿論，佐々博士が命名されたユスリカの種小名には，れっきとしたラテン語の形容詞の種小名や，地名・人名に因んだ適切な種小名も多い．

(12) 世界最小の魚とその学名

末広恭雄博士の『魚の博物辞典』に世界最大の魚と最小の魚は何か，という記事がある．興味深いので，ここに紹介したい．

最大の魚は，海産のジンベイザメで，体長10メートル，淡水魚ではカスピ海のオオチョウザメで体長8.5メートル，アマゾンのピラルクーで体長5メートルなどとある．このへんのことは魚好きな人なら誰でも知っている．

しかし，最小の魚となると手強い．解説記事が少ないからである．末広博士は，「1番小さな魚はフィリピンのルソン島に住んでいる，メダカに近いミスティクティスという魚です．よく育ったものでも12ミリくらいしかありません」と述べている．なるほど，そんな小さな魚がいたのか，と納得した．

しかし，末広博士はそれが海の魚か淡水の魚か，また，その学名のスペルを書いていない．

そこで私はNelsonの‘Fishes of the World’をひもといてみた．ネルソン博士によれば，インド洋のChagos諸島にいる鱗のないシマイソハゼの1種*Trimmatom nanus*は成熟した雌でも8～10mmである．海産のイソハゼ*Eviota*（真のイオータ．ギリシャ語アルファベットの第9字母）やミスティクティス*Mistichthys*（和名なし）（最も小さい魚，の意）はほんの少し大きい，とある．

すなわち，世界最小の魚は体長1cmの*Trimmatom nanus*である．属名の意味は（ギ）trimma（破片）＋（ギ）atomos（不可分の，原子），すなわち〈非常に微細なもの〉，種小名は（ラ）小人．どちらも小さいことを表現している．

ひるがえって我が国の魚を調べてみよう．メダカも小さいが，3cmを超える．小さい魚はハゼ科に多い．『日本産魚類検索，第三版』によれば，シマイトハゼ属*Trimmatom*には体長1.5cmのスジシマイトハゼ*Trimmatom pharus*がいる（種小名は（ギ）布）．これもかなり小さい．しかし我が国最小の魚は琉球列島のハナグロイソハゼ*Eviota shimadai*で，体長1.3cmである．僅かの差で世界最小とはなれなかった．我が国のイソハゼ属*Eviota*には体長1.5cmの小さなハゼが数種いることも知っておこう．

（13）ノミが葉に化けた話

学名に誤植は珍しくない．例えば珍魚の1つシュモクザメの属名を*Sphyrna*という．大方の魚類学者は少しの抵抗なしにこれを用いている．私から見ればそれは滑稽である．その意味を知っているからである．

シュモクザメの頭は左右に大きく張り出して，体全体がしゅもく（撞木）のように見える．そこで和名をシュモクザメという．英名でも同様にhammerhead sharkという．学名でもその形をハンマーに見立てて命名したのであるが，ギリシア語のsphyra（ハンマー）が誤植によってsphyrnaとなってしまった．語尾にnが混入したのである．

ところで，これを*Sphyra*と訂正しようとしてもそれはできない．動物命名規約で学名は変更できない，と規定されているからである．

しかし，誤植になっても意味が通じたという例がある．それはノミ

（蚤）の *Ceratophyllus* である．これはギリシア語で〈角のある葉〉という意味で，スペルの上からは全く異常はない．しかし，ノミの属名にはそぐわない意味である．本当は *Ceratopsyllus*（角のあるノミ）としたかったのである．それが -phyllus（葉の）とミスったのである．蚤が葉に化けてしまった．愛嬌のある話である．

後年 *Ceratopsyllus* という訂正名がでたが，勿論無効である．正しいものが無効とは学名の世界だけである．

なお，我が国からはハゴロモトリノミ（羽衣鳥蚤）*Ceratophyllus hagoromo* というノミが知られている．若狭湾冠島のオオミズナギドリの巣から採集され，命名された．我が国の阪口浩平博士とアメリカの Jameson 博士の功績である．

(14) 語源不詳の属名

属名の中には単に文字を組み合わせて造語したものがある．これには言語上の意味は全くない．私は本書の第１章第５節で「学名には意味がある」と解説したが，例外もある．一般に，例外のない規則はない，と言われているが，これは学名にもあてはまる．字数が少なく，かつ，発音がスムースで心地よいもの（英語で euphonic = euphonious という）であれば，抵抗なく受け入れられる．そのようないくつかの例をここに示したい．

Ampulex（アムプレックス）セナガアナバチ（蜂）

ゴキブリを狩るので有名な蜂で，体は青藍色に輝く美しい蜂である．特別な巣を作らず，獲物のゴキブリを壁の隙間などに引き込んで産卵する．殆ど人目にはつかない．属名に相当する古典語は見当たらない．

Bracon（ブラコン）コマユバチ属（寄生蜂）

周知の寄生蜂であるコマユバチ科 Braconidae のタイプ属．該当する古典語はない．私は（ギ）brachys（短い，些細な）を念頭においた造語と推定している．

Miris（ミリス）メクラカメムシ科のタイプ属

メクラカメムシは体は細くてかなり小さい弱々しい昆虫で，近くの野原や林に多い．採集に出ると必ず網にいる虫である．語源不詳であるが，（ギ）myris（軟膏をいれる薬箱）と想定する人もいる．

近年，和名が差別的で不都合という理由で新名が提案されている．メクラの訳はこの虫には単眼がないからである．新提案のカスミカメムシも感心できない．私には〈目がかすんでいる〉と受け取れるからである．メクラが差別的ならばカスミも差別的ではなかろうか．

Nezara（ネザラ）アオクサカメムシ

普通にいるカメムシで，農作害虫でもある．手にすると強烈な臭いが手につく．しかし，この臭いはほんの少しかぐと香水のようなよい匂いであることに気がつくはずである．私はそのようにして楽しんでいる．

Pidonia（ピドニア）ハナカミキリ（甲虫）

小さなハナカミキリで，採集家にはよく知られた天牛である．語源には全く手がかりがない．

Quedius（クエディウス）ツヤムネハネカクシ（甲虫）

かなり古い（1829年創設）属名であるが，手がかりは全くない．

Zyras（ジラス）アリノスハネカクシ（甲虫）

かなり古い（1835年創設）属名であるが，手がかりは全くない．和名から判断すると，この虫はアリの巣の中で生活するので，知る人はほとんどいない．

和名索引

【ア】
アイザメ　32
アイヌアカコメツキ　81
アエオルス　84
アオイトンボ　61
アオカタビロオサムシ　65
アオクサカメムシ　107
アオクチブトカメムシ　40
アオシギ　41
アオズキンヨコバイ　42
アオスジアゲハ属　12
アオスジコシブトハナバチ　29
アオノスリ属　47
アオミズナギドリ　45
アカアシヒメハナバチ　70
アカエリトリバネアゲハ　80
アカガネコンボウハバチ　48
アカカンガルー　56, 70
アガクリトゥス　22
アカシカ　102
アカダマイロウミウシ　43
アカネズミノミの１種　62
アカハララケットカワセミ　56
アカヒカリユスリカ　103
アカホシカメムシ　85
アカホソアリモドキ　82
アギトアリ　68, 73
アグロバクテリウム属　29
アゲハチョウ属　12
アケボノスギ　23
アザミウマ属　52, 71
アザミケブカミバエ　54
アザラシ　67
アジアアロワナ　50
アシダカグモ　78
アシナガマルケシキスイ　27
アシナガユスリカ　56
アシナガユスリカ属　92
アステリスクス　29
アゼトウナ　28
アタマアブ属　29, 81
アトキスジクルマコヤガ　41
アトリ　43, 45
アナグマ　1-3, 5
アナバス　22
アブ　27, 98
アファネース　77
アファントケファラ　78
アフォベトイデウス　27
アブラゼミ　23
アブラバチの１種　62
アブラムシ　49
アブラムシ属　49
アベ・ユーフォ・タマバチ　100
アマガエル　1, 4
アマツバメ　44
アマミオオメノミカメムシ　57
アマミヌカカ　50
アミメキイロハマキ　60
アミメヒメハマキ　14
アミュノドン　85
アミントール　85
アメーバ　7
アメリカオオミズアオ　87
アメリカ鉤虫　79
アメリカサムライコマユバチ　53
アメリカデイゴ　97
アメリカヒグマ　40, 76
アメンボの１種　29
アモフィラ　94
アヤホソコヤガ　39
アライグマ　5, 78
アラスカハバチ　24
アリ　28, 31, 73, 74, 107
アリスアトキリゴミムシ　59
アリステロスピラ　70
アリノスハネカクシ　107
アワテコヌカアリ　58
アンテキヌス　22
アンデスオオコノハズク　54

アンモナイト亜綱　27

【イ】
イエカ　66
イエカモドキハマダラカ　65
イエバエ　57
イオウクチキレモドキ　61
イカナゴ　86, 94
イクテュディオン　29
イシマテガイ　93
イセエビ　1, 4
イソハゼ　105
イソハゼ属　105
イソヒヨドリ　90
イソユスリカ　31
イタチ　77
イダテントビウオ　81
イチョウ　12
イッカク　98, 102
イトウヤマハマダラミバエ　60
イトフキフエダイ　43
イヌエンジュヒメハマキ　15
イネゾウムシ　59
イノシシグモ　73
イモムシ　52, 85
イラワジイルカ　56
イリオモテヤマネコ　12
イワツバメ　60
イワホリガイ　93
インキウオ属　24
インコ　101
インドサイ　67
インパラ　57

【ウ】
ウコンカギバ　48
ウサギコウモリ　67
ウサギジラミ　69
ウサギ目　93
ウシアブ　98
ウシタイランチョウ　74
ウシヒフバエ　23
ウシ目　66
ウスオビシロエダシャク　89
ウスクリモンヒメハマキ　14
ウスバカミキリ　25
ウスヒョウタンゾウムシ　71
ウスベニエグリコヤガ　43
ウスモンメクラガメ　58
ウタツグミ　68
ウチワフグ　98
ウツギヒメハマキ　14
ウツボ　62
ウナギ　44
ウニ　66
ウマ　27, 92
ウマオイ　98
ウマバエ　69
ウミウ　60, 63
ウミザリガニ　93
海鳥の１種　55
ウロコカザリドリ　27
ウロコガレイ　59
ウロコホソハネキバガ　59
ウワズミヒメハマキ　15

【エ】
エイ　32
エジプト産のイタチの１種　78
エジプトマングース　78
エゾアオイトトンボ　82
エゾキアシミズギワコメツキ　99
エゾキモグリバエ　42
エゾギングチバチ　71
エゾコンボウアメバチ　23
エゾハナバエ　82
エゾマツオオキクイムシ　79
エゾモモンガ　26, 81
エゾヤエナミシャク　60
エゾライチョウ　102

エビ　99
エリマキシギ　102
エレムノーデース　46

【オ】

オウゴンアメリカムシクイ　44
オウシュウコガネコバチ　41
欧州産のエダシャク（蛾）の1種　88
オオアゴベッコウバチ　69
オオアリクイ　28
オオイカリナマコ　25
オオイワシャコ　54
オーキドロムス　84
オーキペテース　81
オオクリモンヒメハマキ　15
オオクロモンマダラメイガ　48
オオサンショウウオ　54
オオシロアリ　66
オオズクヨタカ　41
オーストラリア産の樹上性の有袋類　74
オオズヒメゴモクムシ　54
オオタコゾウムシ　61
オオチョウザメ　104
オオツノコクヌストモドキ　69
オオツヤシデムシ　65
オオツヤスジウンモンヒメハマキ　14
オオナガキスイ　53
オオノコギリヒラタムシ　54
オオハラハナアブ　71
オオフラミンゴ　44
オオホオヒゲコウモリ　67
オオホソオドリバエ　40
オオマルカメムシ　65
オオミズギワカメムシ属　77
オオミズナギドリ　106
オオミドリシジミ　89
オオミミギツネ　67
オオムクゲキノコバエ　43
オオムネアカヒメハナバチ　21
オオヤナギヒメハマキ　47
オオワタコナガイガラクロバチ　43
オガサワラチビキマワリモドキ　52
オキナワチビトラカミキリ　40
オキノテズルモズル　40
オクシデルケース　85
オグロゲンゲ　49
オグロヌー　76
オサガメ　71
オサゾウムシ　35
オジロビタキ　55
オットセイ属　39
オドリガガンボダマシ　77
オドリバエ科の1属　93
オナガアリドリ　90
オニホソコバネカミキリ　53
オピストプス　24
オビラプトル　82
オヨギカタビロアメンボ　53
オンタケチビゴミムシ　83

【カ】

カ　79, 98
カイガラムシ　32, 33, 43, 70
カイコ　53, 71
カイコウズ　97
カエリコラ　87
カエル　21, 42, 54, 61
ガガンボ　26
カギモンチビナミシャク　62
カスミカメムシ　107
カタジロアマツバメ　90
カタビロアメンボ　53
カツオブシムシの1種　65
カッコウ　90
カッショクジャコウジカ　47
カッショクノガン　58
カドメンガタヒメバチ　50
カニ　99
カニチドリ　83

カバ　92
カバオビドロバチ　45
カバノキンモンホソガ　48
カブトムシ亜目　32
カプトリーヌス　80
カブラツキガイ　102
ガムシ　93
カメ　59, 71
カメムシ　44, 48, 58, 83, 98, 107
カモ　61, 68, 97
カモドキコマユバチ　73
カモノハシ　12, 68, 97
カモメ　55
カラカラ　80
カラス　102
ガラパゴスリクイグアナ　50
カラフトヤブカ　61
カレイ　70
カロカリス　39
カワウ　63
カワウソ　102
カワゲラ　48
カワリイスカバチ　40
カンムリカザリドリ　27
カンムリシギダチョウ　84

【キ】

キアシオナガトガリヒメバチ　74
キアシミズギワコメツキ　85
ギアナアカクロカザリドリ　78
キーウィ　22, 99
キイロアツバ　44
キイロケアリ　44
キイロナガハリバエ　44
キイロヒメハナバチ　25
キオビキマダラヒメハマキ　15
キオビヒメハマキ　15
キガシラムクドリモドキ　45
ギガントピテクス　53
キゴシヒメムシクイ　73, 75
キスジオビヒメハマキ　15
寄生性のキバチ（樹蜂）の1種　85
キタアケボノベッコウ　40
キタセミクジラ属　23
キタテハ　97
キタミユビトビネズミ　98
キチョウ　3
キツネ　84
キヌバネドリ　80
キノコハネカクシ　70
キノボリウオ　22
キベリクビボソジョウカイ　56
キホリハナバチ　93
キュウシュウタマゴクロバチ　51
吸虫類　49
キュウホックヒメバチ　40
キョウジョシギ　94
恐竜類　76
棘皮動物の1種　54
ギンカガミ　87
ギンネムエダシャク　79
キンバネハネカクシ　84
ギンボシニトキヒメハマキ　15
キンメペンギン　54

【ク】

クイナ　92
クイナチメドリ　81
クサウオ属　24
クサムラツカツクリ　66
クサリヘビ　102
クサントリザ　42
クジャクチョウ　102
クジラ　23
クジラの1種　56
クダアザミウマの1種　52, 71
クマ　76, 102
クマドリイザリウオ　66
クマバチ　81
クモ　29, 44, 79

クモガタガガンボ　47, 89
クモガタハエトリ　76
クモバエの１種　49
クモを狩るハチの１種　78
グラム陰性好気性桿菌の１種　83
クリアナアキゾウムシ　61
クリイロヒメハマキ　14
クリエリムジアマツバメ　43
クリオビキヒメハマキ　15
グリズリー　40, 76
グリフアンドレナ　61
クリュドニテス　27
クレストセーマ　42
クロアブラバチ　82
クロウタドリ　74
クロエンマムシ　21
クローバヒメハマキ　14
クロカンガルー　37
クロコガネショウジョウバエ　57
クロゴキブリ　79
クロシデムシ　23
クロスジアオシャク　90
クロチメドリ　46
クロヅウスキエダシャク　42
クロツヤオナガヒメバチ　87
クロテテナガザル　74
クロトビメクラガメ　81
クロハタオリ　46
クロヒタキ　46
クロヒメキツツキ　88
クロホシカメムシ　44
クロボシトビハムシ　55
クロマグロ　1, 4
クロマルトビムシ　91
クロミジンムシダマシ　77
クロミバエ　46
クロモンエグリトビケラ　91
クロモンベニマダラハマキ　41
クロヤマアリ　31
クワヒメハマキ　14, 15

【ケ】
ケープペンギン　86
ケナシクロオビクロノメイガ　47
ケブカアシブトハナアブ　27
ケブカクロナガハムシ　60
ケブカハナバチ属　9
ケブカミゾコウモリ　88
ケラティテス　27
ケラトリア　78
ゲンゴロウ　52
ゲンジボタル　52

【コ】
コアラ　31
甲殻綱　71
コウテイペンギン　32
コウミスズメ　55
コウモリ　22, 29, 49, 56, 70, 88
コウモリガ　23
広腰亜目　22
コウラコマユバチの１種　68
コオロギ属　50
コガシラハネカクシ　75
コガタカメノコハムシ　88
コガタヌスミベッコウバチ　55
コガネコバチの１種　51
コガネハタオリ　24
コガネハマキホソガ　87
ゴキブリ　106
コキモンハバチ　79
コクサイ　102
コグチカイメン　67
コクリオビクロヒメハマキ　15
コクロアナバチ　28
コクワヒメハマキ　15
コケキオビヒメハマキ　14
ゴケグモ属　82
コケシロアリモドキ　55
コサザイチメドリ　90
コシジロイソヒヨドリ　74

コシブトハバチ　32
コシマチビゲンゴロウ　92
コシロスジアオシャク　45
コスソクロモンヒメハマキ　67
ゴトウアカメイトトンボ　44
ゴトウズルヒメハマキ　15
ゴトウヅル　17
コノハズク　102
コハナバチ　40
コバネアシブトハナカメムシ　83
コヒゲシマビロウドコガネ　69
コビトカバ　66
コブハクチョウ　102
コヘラズネクモバエ　29
ゴマフガモ　61
コマユバチ属　57, 106
コマルガタゴミムシ　42
コミチバシリ　90
コメツキムシ　57, 81
コモンギンスジヒメハマキ　15
コリムベーテース　86
ゴルグス　76
コルポグナートゥス・ケレラトル　84
コングレゴポラ　73
昆虫類　98
根瘤バクテリア　101

【サ】
サイ　9, 57, 66, 67, 85
サイチョウ　66
細腰亜目　22
サカネラン　101
サギ　83
サクツクリハバチ　52
サクラスガ　23
サケ　68
サケガシラ　59
サザナミスズメ　39
サシバエ　68
サトジガバチ　102
ザドントメルス　25
サナエトンボ　45
サバクスズメ　42
サバクトビバッタ　75
サムライアリ　31
サムライコマユバチ　22, 99
サメ　32
サモアオヨギユスリカ　77
サヤハシチドリ　89
サンカクスジコガネ　51
サンゴ　93

【シ】
シイコムネアブアムシ　49
シーザー・ムスメインコ　101
シイタケ　80
シーボルディアーナ　26
シイラ　102
シカ　102
志賀赤痢菌　100
ジガバチ（狩人蜂）の1種　94
シキチョウ　74
シギの1種　92
シコンツグミ　54
十脚目　99
シニストラスピス　70
シビレエイ属　83
シビレエイの1属　83
シマイソハゼの1種　105
シマイトハゼ属　105
ジムヌラ　62
ジャワマングース　83
ジュウジヒメミツギリゾウムシ　54
シュモクザメ　105
シュンラン　29
ショウジョウバエ属　50
シラミ　28, 70
シロアリ　67
シロアリの1種　66
シロオビツツハナバチ　49

シロゲンゲ　49
シロジュウシホシテントウムシ　62
シロスジケアシハナバチ　70
シロスジメダカハンミョウ　78
シロチョウ科　3
シロツマキリアツバ　46
シロトリバ　71
シロハヤブサ　75
シロマダラヒメハマキ　14
シロモンカバナミシャク　47
ジンガサハムシ　52
シンビジウム　29
ジンベイザメ　104

【ス】
ズイムシクロタマゴバチ　41
スウィフトギツネ　84
スガ　23
スギマルカイガラムシ　32
ズキンヨコバイ　40
ズグロムシクイ　55, 91
スジアシイエカ　79
スジグロオオハムシ　85
スジシマイトハゼ　105
スジヒメガムシ　74, 91
スズメ　1, 5, 30
スズメバチ　12, 21, 22, 25, 61, 70, 84
スナバシリ　83
スベリザルガイ　62
スミスハキリバチ　90
スミスメンハナバチ　91
スミレミドリツバメ　75

【セ】
セアカスナヒバリ　43
セイヨウイセエビ　4
セイヨウミツバチ　1, 2, 4
セキレイ　48
セグロシロハラミズナギドリ　68
セコイア属　23
セジロツバメ　49
セスジナガハリバエ　70
セスジノミヒゲナガゾウムシ　42
セスジハリバエの１種　65, 84
セセリチョウ（蝶）の１種　24
セダカマルハナノミ　51
節足動物　70
セトオヨギユスリカ　92
セナガアナバチ　106
ゼブラハエトリグモ　77
セミドリチメドリ　76
セミヤドリガ　23
セムシユスリカ　103
セレベスツグミ　22
センモウチュウ　53

【ソ】
ゾウムシ　35, 36, 37, 61

【タ】
ダイダイヘビゲンゲ　44
ダイフロン　73
タイマイ　59
タイリクアキアカネ　58
タイリクモモンガ　81
タイワンガザミ　92
タイワンカブトムシ　85
タイワンキジラミ　55
タイワンヒグラシ属　23
タウナギ　46
タカ　75
タカサゴシロアリ　67
タカ（鷹）の１種　47
タカネナガバヒメハマキ　15
タカの１種　78
タケトラカミキリ　49
タコ　45
タシギ属　25
タスジイシモチ　99
タテガミナマケモノ　75

タテガミヤマアラシ　56
タテジマカラタイランチョウ　83
ダニ　4
タニノミバエ　90
タヌキ　1, 5, 78, 88
タマキタナイユスリカ　104
タマキヨイユスリカ　104
タマキレイユスリカ　104
タマクサレユスリカ　103
タマクロユスリカ　103
タマゴトウユスリカ　104
タマバエの1種　60, 62
タマバチ　100
タマヒカリユスリカ　103
タマミズムシ属　93
タムノフィルス　79

【チ】

チビコガネナガハネカクシ　74
チビコマユバチ　58
チビゾウムシ　54
チビドクガ　46
チビネスイ　55
チビフクロモモンガ　74
チビマルケシゲンゴロウ　55
チャイロカメムシ　31
チャイロクチブトカメムシ　85
チャイロチビヒラタエンマムシ　76
チャエリオオガシラ　24
チャツグミ　42
チュウゼンジコナガユスリカ　103
チュウヒ　48
腸内細菌科　100

【ツ】

ツキノワグマ　87
ツクシネジレバネ　40
ツグミ　21, 62
ツタキオビヒメハマキ　15
ツチガエル　61
ツチクビレハリアリ　90
ツツハムシ属　78
ツバメ　60
ツブゲンゴロウ　93
ツメアカマルチビゴミムシダマシ　92
ツヤウミアメンボ　92
ツヤキカワムシ　80
ツヤコガ　87
ツヤスジウンモンヒメハマキ　14
ツヤホソバエの1種　69
ツヤムネハネカクシ　107
ツヤヨコセミゾハネカクシ　62
ツリガネミノガ　27
ツル　102
ツルアジサイ　17

【テ】

ディアボルス　80
ディスキネートゥス　75
ディスゲナ　23
ディセリス　73
ティミア　41
デキストロフォルモサーナ　70
テッポウウオ　102
デバネズミ　87
テルモコックス・ケレル　84
デンキウナギ　28, 102
テングザル　67

【ト】

トウギョ　73
ドウクツウオの1種　85
トウモロコシアブラムシ　51
トカゲ　76
トガリネズミ　62
トガリハネカクシの1種　56
トガリヒメショウジョウバエ　85
トキ　102
特異なユスリカの1種　92
ドクチョウの1種　50

トゲオオハリアリ　61
トゲオトンボ　61
トゲツノカメムシ　48
トゲバネウミシダ　22
トドマツハイモンヒメハマキ　15
トビイロフタテンアツバ　79
トビウサギ　81
ドブソンミゾコウモリ　56
トホシクビボソハムシ　99
トラフズク　102
鳥の1種　89
トリパノソーマ　65
ドロバチの1種　45
トワダカワゲラ　55
トンボ　45, 55
トンボ目　68

【ナ】

ナガキクイムシ　97
ナカグロヤガ　88
ナガスネホオヒゲコウモリ　55
ナガヒラタホソカタムシ　57
ナシマルカイガラムシ　43
ナシミバチ　52
ナタトル　77
ナツハゼヒメハマキ　15
ナナフシハバチ　99
ナベブタムシ　62
ナミスジキヒメハマキ　15
ナメラベラ　49
ナンキョクフルマカモメ　92
軟体動物の1種　84
ナンベイツバメガ　87
ナンベイハイギョ　59

【ニ】

肉食恐竜　82
ニセウツギヒメハマキ　15
ニセギンボシモトキヒメハマキ　15
ニセメンフクロウ　47
ニッポンクサカゲロウ　48
ニッポンセダカオドリバエ　90
ニッポンヒゲブトハネカクシ　51
ニホンアナグマ　1, 2, 5
ニホンアマガエル　4, 91
ニホンカモシカ　66
ニホンコテングコウモリ　91

【ヌ】

ヌバタママグソコガネ　56
ヌマヨコエビ　93

【ネ】

ネジレバネ　40
ネズミ　26, 55, 67, 80, 81, 91
ネズミキツネザル　54
ネッタイイエカ　98
ネムリシビレエイ　83

【ノ】

ノウサギ　93
ノーザーン・ケイブフィッシュ　85
ノースラ　76
ノースルス　76
ノガン　58
ノコヒメマキムシ　51
ノドアカオオガシラ属　83
ノドグロカナリア　44
ノミ　26, 62, 105, 106
ノミゾウムシ属　77
ノミゾウムシの1種　77
ノミバエ属　82

【ハ】

ハイイロイカル　77
ハイイロキノボリネズミ　47
ハイイロヒゲナガハナバチ　66
ハイイロヒメイエバエ　48
ハイイロマルハナバチ亜属　69
ハイイロヤドリバエ　47

ハエ　40, 47, 49, 52, 60, 62, 65, 79, 80, 82, 89, 92
ハクチョウ　102
バクテリア　29
ハクレン　67
ハゲアリドリ　62
ハゴロモトリノミ　106
ハシゴマキイトカケギリ　41
ハシブトカマドドリ　22
ハシボソガラス　102
バシラス菌　29
ハチの1種　27
ハチ（蜂）の1種　24
ハチ目　3
ハッチョウトンボ　54, 102
ハトシラミバエの1種　47
ハナアブ　75
ハナアブの1種　27
ハナガサハチドリ　102
ハナカミキリ　107
ハナグロイソハゼ　105
ハナシヒメイエバエ　68
ハナタカサゴ　87
ハナダカバチ属　81
ハナバエ科の1種　89
ハナハタ　44
ハナバチ　12, 32, 49
ハナレメミズギワイエバエ　51
ハネカクシの1種　60
ハネナガトリバ　52
ハネナシコオロギ　50
ハネビロハナカミキリ　57
ハネビロミズギワゴミムシ　24
ハバチ類　22
ハブ　83
パプアハナドリ　46
ハマキガ　13
ハマヒバリ　41
ハヤシミドリシジミ　25
ハラナガヒメコバチ　55
ハラボシヒゲタケカ　69
ハリネズミ　22, 62, 66
ハリムス　92
ハリモグラ　97
ハワイシジミ　79
バンオオハジラミ　46
半翅目　23
ハンミョウ　19

【ヒ】
ヒウラセイボウモドキ　39, 82
ヒグマ　40, 102
ピグミーチンパンジー　102
ヒグラシ　23
ヒゲナガハバチ　52
ヒゲヤドリバエ　60
ヒゴタイ　66, 101
ヒダカチビゴミムシ　41
ヒト　30
ヒトツメヨコバイ　49
ヒトノミ　26
ヒナコウモリ　88
ヒナルリハナカミキリ　76
ヒビタイゴシキドリ　59
ヒメアトスカシバ　84
ヒメイトアメンボ　58
ヒメウミツバメ　28
ヒメカタゾウムシ　61
ヒメキノコハネカクシの1種　28
ヒメクビボソハネカクシ　84
ヒメコバチの1種　45
ヒメスズ　46
ヒメナガエンマムシ　78
ヒメヌマチウサギ　93
ヒメバチ科の1種　84
ヒメバチ属　78
ヒメハナバチ　12, 61
ヒメハナバチ属　2, 21
ヒメハナバチの1種　21
ヒメハマキガ　15, 16, 18

ヒメヒラタムシ　28
ヒメマダラケシミズギワゴミムシ　99
紐形動物の1種　28
ヒヨケザル　65
ヒヨケザル目（＝皮翼目）　71
ヒラタアブ　57, 75
ヒラタアブの1種　69
ヒラタアブヤドリヒメバチ　24
ピラルクー　104
ピルソニムファ　44
ビロウドコガネ　69
ビワコイチバンユスリカ　103
ビワコニバンユスリカ　104
ヒワの1種　43

【フ】

フォッソリア　84
フォノフィルス　79
フキナガシヨタカ　102
フクロアリクイ　74
フクロウ　88
フクロウナギ　56
フサアシナガバエ　55
フジキクイムシ　39
フジサンバンユスリカ　104
フタイロヒサゴトビハムシ　98
フタオビツヤゴミムシダマシ　32
フタマタタンポポ　28
フタモンアシナガバチ　66
ブッポウソウ　68
フトオビコビトキツネザル　70
フトカドエンマコガネ　84
フトコツチバチ　65
フトノミゾウムシ　42
フトハサミツノカメムシ　61
ブヨの1種　57
ブラキスタ　56
ブラキテラ　56
ブラベルス　43
フラミンゴ　44, 46
フルエカメムシ　76
ブロシュルス　40

【ヘ】

ヘイワインコ　66
ヘコアユ　29
ペスト菌　100
ベニヒワ　43
ベニフウチョウ　43
ヘビギンポ　99
ヘラクレスオオカブトムシ　28
ヘリアカナガハナゾウムシ　75
ペリカン　56, 102
ペリファネース　41
ペルーヒメウオクイネズミ　80
ペルーミツドリ　89
変態類　23

【ホ】

ホウセキハチドリ　75
北米産の昆虫の1種　80
北米産の植物　42
ホシオタテドリ　63
ホソオビヒラタアブ　75
ホソガ科の1種　77
ホソギンスジヒメハマキ　15
ホソコバネカミキリ　71
ホソツツエンマムシ　78
ホソバキホリマルハキバガ　91
ホソハナノミダマシ　57
ホソヒゲユスリカ　103
ホソヒメヒラタアブ　56
ホソホシヒラタアブ　57
ホソロリス　74, 76
ホタルブクロ　29
ホッキョククジラ属　23
ホッキョクケブカマルハナバチ　23
哺乳類の化石　85
哺乳類の化石の1種　52
ボラ　102

ホンウミマイマイ　39
ホンシュウクモマヒナバッタ　24
ホンシュウナガレユスリカ　92
ホンハラビロセンショウグモ　78
ホンモロコ　68

【マ】
マークオサムシ　91
マイマイカブリ　19
膜翅目　3
マグロ　1, 4
マグロ属　4
マゼランカモメ　47
マダコ　99
マダラチズモンアオシャク　42
マダラチビヒメハマキ　14
マツモムシ　77
マナヅル　102
マヒトデ　88
マミジロイカル属　81
マルエンマコガネ　80
マルオオオドリバエ　49
マルカイガラムシ　33
マルカククチゾウムシ　76
マルガムシ　93
マルセダカショウジョウバエ　50
マルチビゲンゴロウ　52
マルチビゴミムシダマシ　92
マルハナバチ　26, 81, 82
マルハナバチヤドリ　82
マレーヤマアラシ　56
マンジュウダイ　49
マンドゥークス　80

【ミ】
ミカドアリバチ　29
ミカンマルカイガラコバチ　32
ミギガレイ　70
ミズカキカワネズミ　77
ミズギワカメムシ　77
ミズギワゴミムシ　29
ミスティクティス　104, 105
ミズマルトビムシ　91
ミゾゴイ　60
ミソゴイシラミバエ　60
ミゾコウモリ　29
ミツバチ　1, 4, 22, 30
ミツバチ科　3
ミツバチ上科　3
ミドリカミキリ　45
ミドリシジミ　25
ミナミウスズミシトド　43
ミナミオオハナアブ　79
ミナミヒメクイナ　92
ミナミヤンマ　45
ミノフウチョウ　27
ミミズク　54, 102
ミムラトビケラ　28
ミヤマアカコメツキ　57
ミヤマウンモンヒメハマキ　15
ミヤマキリガ　98

【ム】
ムーンラット　62
ムカシトンボ　12
ムジヒトリツグミ　80
ムスメインコ　101
ムツアシガニ　102
ムツボシツツハムシ　98
ムナグロ　89
ムナグロアカハラ　21
ムナジロムジチメドリ　68
ムナビロカッコウムシ　24
ムネアカイカル　82
ムネアカウマバエ　67
ムネアカタヒバリ　48
ムネアカハラビロヒメハナバチ　21, 22
ムラサキアツバヒメバチ　93
ムラサキハマシギ　92

【メ】
メカジキ　53, 102
メクラカメムシ　106
メクラカメムシ科のタイプ属　106
メクラカメムシの１属　81
メジロ　32
メスキンギングチバチ　93
メスコバネマルハキバガ　88
メダカ　104, 105
メタセコイア　23
メリケンキアシシギ　47
メンガタスズメ　101

【モ】
モモイロペリカン　102
モモグロオオイエバエ　57
モリハマダラミバエ　42
モルフォチョウ属　50
モンカゲロウ　88
モンギンスジヒメハマキ　14
モンツキユスリカ　103

【ヤ】
ヤイロチョウ属　46
ヤエヤマハナゲバエ　51
ヤエヤマヒメカマキリモドキ　25
ヤコウチュウ　88
ヤシオサゾウムシ　35
ヤスマツヒメハナバチ　2
ヤツガシラ　102
ヤドリキバチ　85
ヤドリハサミムシ　22
ヤマジガバチ　28
ヤマトホソスジハネカクシ　73
ヤマヒゲナガ　90
ヤモンユスリカ　89
ヤリハシハチドリ　53

【ユ】
有翅亜綱　71
ユウヤミキバガ　59, 91
ユキホオジロ　89
ユスリカ　69, 102-104
ユスリカ科　8, 69

【ヨ】
ヨーロッパアマツバメ　99
ヨーロッパチュウヒ　48
翼手目　70
ヨコバイ類　49
ヨシハタネズミ　71
ヨタカ　41
ヨツヅノカモシカ　98
ヨツノチビゴミムシダマシ　98
ヨツボシクサカゲロウ　99
ヨツメウオ　21
ヨツメキクイムシ　31

【ラ】
ラエオコクリス　70
ラセンウジバエ　80
ラッコ　102
ラブカ　32

【リ】
リティドケファルス　60
両生綱　21
リンゴコフキゾウムシ　73
鱗翅目　59
鱗翅目の１種　89

【ル】
ルリモンハナバチ　53

【レ】
レピドートゥス　59

【ロ】
ロウイロクリムシクチキレ　44
ロスアザラシ　67

六脚類　98

【ワ】
ワシ（鷲）の１種　80
ワタリガラス　60, 63
ワモンゴキブリ　24
ワモンダコ　45

属名索引

【A】
Abia 48
Acanthis 43
Acanthosoma 61
Acherontia 101
Acrobates 74
Acroricnus 74
Actias 87
Adelphocoris 58
Aedes 61
Aegotheles 41
Aeoliscus 29
Aeolus 84
Aepyceros 57
Aeronautes 90
Aethia 55
Agaclitus 22
Agathia 42
Agrobacterium 29
Alectoris 54
Aleochara 51
Allotropa 43
Alphitophagus 32
Amara 42
Amblyopsis 85
Amegilla 29
Amintor 85
Ammodytes 86, 94
Ammomanes 43
Ammophila 28, 94, 102
Ampedus 57, 81
Ampelioides 27
Ampelion 27
Amphibola 39
Ampulex 106
Amynodon 85
Anabas 22
Anableps 21
Anaeretes 84
Anairetes 83
Andrena 2, 12, 21, 22, 25, 61, 70
Andrena（*Parandrena*） 2
Androphobus 76
Anodontia 102
Anomala 51
Anopheles 65
Anoplius 40
Antechinos 22
Antedon 22
Antennarius 66
Anthicus 82
Anthocephala 102
Anthomyia 89
Anthophora 9, 32
Anthus 48
Apanteles 22, 53, 99
Aphanes 77
Aphanocephalus 77
Aphantocephala 78
Aphelocheirus 62
Aphelochirus 62
Aphis 49
Aphobetoideus 27
Aphobetus 27
Aphodius 56
Apis 1, 2, 4, 30
Apogon 99
Apotomopterus 91
Aptenodytes 32
Apteryx 22, 99
Apus 99
Araeopteron 39
Arenaria 94
Aristerospira 70
Aristerus 44
Arixenia 22
Arma 85
Asio 102
Aspidiotiphagus 32
Aspidiotus 32

Aspidomorpha 52
Asterias 88
Asteriscus 29
Automolus 22

【B】
Bacillus 29
Bactrocera 46
Balaena 23
Ballus 76
Batrachomorphus 42
Bembidion 24, 29, 99
Bembix 81
Betta 73
Blaberus 43
Blacus 58
Blosyrus 40, 76
Bombus 23, 26, 69, 81
Bonasa 102
Boros 80
Botanophila 82
Bothrocara 49
Bothrocarina 49
Brachista 56
Brachytera 56
Bracon 57, 106
Bradybatus 75
Bradycellus 54
Bradypus 75
Buceros 66

【C】
Caedius 92
Caelicola 87
Caesio 87
Calidris 92
Callorhinus 39
Calocaris 39
Caloptilia 87
Calosoma 65
Calvia 62
Campanula 29
Camptochironomus 103
Capito 59
Capricornis 66
Captorhinus 80
Carsioptychus 52
Casmara 91
Cassida 88
Cataponera 22
Catharus 42
Cedecea 100, 101
Celatoria 78
Centrophorus 32
Cephalopholis 44
Cerapachys 90
Cerastes 102
Ceratina 25
Ceratites 27
Ceratophyllus 106
Ceropales 55
Cervus 102
Chaetocnema 98
Cheirogaleus 70
Cheramoeca 49
Chiasmia 79
Chibidokuga 46
Chionea 47, 89
Chionis 39
Chironomus 8, 69, 103, 104
Chlamidoselachus 32
Chloridolum 45
Chlorogomphus 45
Chlorophorus 49
Choeropsis 66
Choragus 42
Choreutis 77
Chorthippus 24
Chrestosema 42
Chrysocharis 45

Chrysopa 99
Chrysoperla 48
Cicindela 19
Cicones 57
Circus 48
Cleptes 39, 82
Clerus 24
Clydonites 27
Clypeodytes 52
Cochliomyia 80
Colpognathus 84
Colymbetes 86
Comstockaspis 43
Congregopora 73
Conolophus 50
Copsychus 74
Coptosoma 65
Cordylomyia 62
Corticaria 51
Corvus 102
Coryphaena 102
Cosmia 98
Crassinarke 83
Crepidiastrum 28
Crepis 28
Cryptocephalus 78, 98
Cryptonevra 42
Cryptophagus 53
Ctenophorinia 47
Culex 66, 79, 98
Culicoides 50
Cursorius 83
Cyclopodia 49
Cygnus 102
Cymbidium 29
Cynocephalus 65
Cypseloides 43
Cypselus 44

【D】

Daephron 73
Damaster 19
Daptomys 80
Dasypoda 70
Delichon 60
Dendroctonus 79
Dendrophagus 28
Dermatoxenus 71
Dermestes 65
Dermochelys 71
Dexia 44, 70
Dexistes 70
Dextroformosana 70
Diaborus 80
Diacamma 61
Diceros 102
Dichaetomyia 51
Dinoptera 76
Dinorhynchus 40
Diphyllodes 27
Dipogon 69
Dipus 98
Diurnea 88
Dolichopus 55
Dormitator 82
Dromas 83
Drosophila 50
Drymophila 90
Dynastes 28
Dyscerus 61
Dyscinetus 75
Dysdera 73
Dysdercus 85
Dyseris 73
Dysgena 23

【E】

Echinocnemus 59
Echinops 66, 101

Echinosorex 62
Ectemnius 93
Electrophorus 28, 102
Emblema 39
Endoclyta 23
Enhydra 102
Enneapterigius 99
Ensifera 53
Ephedrus 82
Ephemera 88
Ephippus 49
Epiophlebia 12
Epipomponia 23
Eremnodes 46
Eremomela 73, 75
Eremophila 41
Eretmochelys 59
Erigorgus 23
Eristalis 27
Erythrina 97
Erythromma 44
Esakiella 29
Euandrena 21
Eubalaena 23
Eucera 66
Eucosma 67
Eudromia 84
Eueides 50
Eulomalus 76
Eunymphicus 66
Euodynerus 45
Eupetes 81
Eupithecia 47
Eupodotis 58
Eurema 3
Eurygaster 31
Eurypharynx 56
Eurystomus 68
Eviota 105
Exochus 50
Exocoetus 81

【F】

Falco 75
Fannia 48, 68
Favonius 25, 89
Felis 12
Ficedula 55
Fossoria 84

【G】

Galeruca 85
Gallinago 25, 41
Gammarus 93
Gasterophilus 67, 69
Gastroserica 69
Gelechia 59, 91
Geococcix 90
Geometra 90
Gigantopithecus 53
Ginkgo 12
Glossodoris 43
Glyphandrena 61
Glyptotendipes 104
Gnathocerus 69
Gnathopogon 68
Gomphus 45
Goniogryllus 50
Gorgon 76
Gorgonocephalus 40
Gorgus 76
Grandala 54
Graphium 12
Grus 102
Gryllus 50
Gymnocichla 62
Gymnoscelis 62
Gymnothorax 62

【H】
Haemodipsus 69
Halictoxenos 40
Halictus 40
Halimus 92
Halobaena 45
Halobates 92
Halticiella 81
Halticus 81
Haplospiza 43
Hecistocyphus 54
Heleodromia 93
Heliophobius 87
Heliotes 87
Heliozela 87
Helophilus 27
Helotrephes 93
Hemistola 45
Heptamelus 99
Herpestes 78, 83
Herpetogramma 47
Hesperomorpha 60
Hesperus 60
Heteroscelus 47
Heterpoda 78
Hexacentrus 98
Hexapus 102
Hippopotamus 92
Hister 21
Hodotermes 66
Hodotermopsis 66
Holocryptis 43
Hologymnosus 49
Homo 30
Hoplismenus 40
Hoplocampa 52
Hydatophylax 91
Hydrangea 17
Hydrobates 28
Hydrobius 74, 91
Hydrocassis 93
Hydrometra 58
Hydrovatus 55
Hyla 1, 4, 91
Hylaeus 91
Hylastes 39
Hylobates 74
Hypera 61
Hypnelus 83
Hypnos 83
Hypoderma 23
Hypophthalmoichthys 67
Hypselosoma 57
Hystrix 56

【I】
Ichneumon 78
Ichthydion 29
Idiocerus 40
Inachis 102
Isodontia 28

【L】
Laccophilus 93
Lachnoderma 59
Laemobothrion 46
Laeocochlis 70
Laevicardium 62
Lasius 44
Lathrobium 74
Latrodectus 82
Leipoa 66
Lema 99
Lenothrix 47
Lentinula 80
Lepidoblepharon 59
Lepidosiren 59
Lepidotus 59
Leptura 57
Lestes 61, 82

Lestica 71
Leucophaeus 47
Leucophenga 57
Leucopternis 47
Limnephilus 28
Limnophora 51
Limnophyes 104
Lindbergicoris 48
Liodrosophila 50
Liparis 24
Lithophaga 93
Lithurgus 93
Lomographa 42, 89
Longitarsus 55
Loris 74, 76
Luciola 52
Lycenchelys 44

【M】
Machetornis 74
Macrocera 69
Macropus 56, 70
Malacoptila 24
Manducus 80
Mantispa 25
Masuzoa 41
Mayailurus 12
Medon 56
Megachile 90
Megadyptes 54
Megalobatrachus 54
Melaenornis 46
Melampitta 46
Melanocharis 46
Meles 1, 2, 3, 5
Mene 87
Meniscus 87
Metanipponaphis 49
Metasequoia 23
Metasyrphus 57, 75
Microcebus 54
Micropsectra 103
Microtus 71
Migiwa 85, 99
Mimetus 78
Miolispa 54
Miris 106
Mistichthys 105
Monodon 98, 102
Monopterus 46
Monticola 74, 90
Morinowotome 42
Morpho 50
Moschus 47
Mugil 102
Murina 91
Musca 57
Muscina 57
Mutilla 29
Myadestes 80
Myotis 55, 67
Myrmecobius 74
Myrmecophaga 28

【N】
Nannophya 54
Nanophyes 54, 102
Napothera 90
Narke 83
Nasalis 67
Nasutitermes 67
Natator 77
Necator 79
Necrophilus 65
Nectogale 77
Necydalis 53, 71
Nematus 52
Nemobius 46
Nemophora 90
Neopsylla 62

Neottia 101
Nephelornis 89
Neptunus 92
Nezara 107
Nicrophorus 23
Nipponia 102
Noctiluca 88
Noctua 88
Nothra 76
Nothrus 76
Notonecta 77
Nyctereutes 1, 5, 78, 88
Nycteribia 29
Nycteris 29, 56, 88

【O】
Ochrospiza 44
Ochthephilus 62
Octopus 45, 99
Ocydromus 84
Ocypetes 81
Ocypus 84
Odontomachus 68, 73
Odostomia 61
Odynerus 45
Ogasawarazo 61
Olethreutes 13, 14
Oligotoma 55
Ombria 89
Ommatophoca 67
Onchorhynchus 68
Onthophagus 80, 84
Opisthpus 24
Orcaella 56
Orchestes 77
Oreogeton 90
Ornithoctona 60
Ornithomyia 47
Ornithorhynchus 12, 68, 97
Orthocladius 103
Orussus 85
Oruza 41
Oryctes 85
Oryzaephilus 54
Osculina 67
Osmia 49
Otocyon 67
Otus 54, 102
Oviraptor 82
Oxyderces 85

【P】
Pachyprotasis 79
Palinurus 4
Pan 102
Pangrapta 46
Papilio 12
Paradisaea 43
Paraliparis 24
Paranthrene 84
Parasitastes 28
Paratryphera 60
Parinulus 1, 4
Passer 1, 5, 30, 42
Paurocephala 55
Pedetes 81
Pelecanus 102
Pelecystoma 73
Pempelia 48
Pentagonothrips 52
Pentaphyllum 98
Pentatoma 98
Perichares 24
Periphanes 41
Periplaneta 24, 79
Perissus 40
Perla 48
Petricola 93
Phalacrocorax 60, 63
Phallodes 27

Phanerotoma 68
Phascolarctos 31
Pheucticus 82
Philereme 60
Philomachus 102
Philonthus 75
Phlogotettix 49
Phodilus 47
Phoenicircus 78
Phoenicopterus 44, 46
Phonophilus 79
Phora 82, 90
Photodilus 47
Phyllobius 73
Phytomia 79
Phytomyia 79
Picumnus 88
Pidonia 107
Pipunculus 29, 81
Pitta 46
Platycheirus 71
Platyptilia 52
Platypus 97
Platysoma 78
Plecotus 67
Plectrophenax 89
Ploceus 24, 46
Pluvialis 89
Podabrus 56
Polemistos 40
Polistes 66
Polyborus 80
Polyergus 31
Polygonia 97
Polygraphus 31
Polypedilum 89, 103
Polyplancta 75
Pomponia 23
Pontomyia 77, 92
Porzana 92
Potamonectes 92
Praon 62
Prionocyphon 51
Procyon 5, 78
Promethes 24
Protonotaria 44
Psalidothrips 71
Psilorhamphus 63
Psithyrus 82
Pterodroma 68
Pteroma 27
Pteromys 26, 81
Pteronemobius 46
Pterophorus 71
Ptycholoma 60
Pulex 26
Pyllonorycter 48
Pyrgiscilla 41
Pyrrhocoris 44
Pyrsonympha 44

【Q】

Quedius 107

【R】

Rana 61
Rhamphomyia 40, 49
Rheotanytarsus 92
Rhinoceros 9, 67
Rhipidolestes 61
Rhizobium 101
Rhizophagus 55
Rhopalosiphum 51
Rhynchaenus 42, 77
Rhytidocephalus 60
Rivula 79
Roptrocerus 41

【S】

Salda 77

Saldula 77
Saliciphaga 47
Saltator 77, 81
Salticus 77
Scaptomyza 85
Schistocerca 75
Sciophila 43
Scleropages 50
Scopaeus 84
Scopura 55
Scraptia 57
Selenarctos 87
Selenia 88
Semeiophorus 102
Sepedophilus 28, 70
Sepsis 69
Sequoia 23
Serica 69
Serpens 83
Sieboldiana 26
Silvia 91
Sinistraspis 70
Smerdalea 76
Sminthurides 91
Sminthurus 91
Sphaerophoria 56
Spheniscus 86
Sphyrna 105
Stauronematus 52
Stenobracon 57
Stenolechia 59
Stictochironomus 103
Stictonetta 61
Stomoxys 68
Styloptygma 44
Sylvilagus 93
Sympetrum 58
Symphorus 43
Sympiesis 55
Synapta 25
Syrphus 57, 69, 75

【T】

Tabanus 98
Tachina 65, 84
Tachycineta 75
Tanysiptera 56
Tanytarsus 56, 92, 104
Tapinoma 58
Telenomus 41, 51
Telmatogeton 31
Tenthredo 24
Tephritis 54
Tetracerus 98
Tetragonomenes 52
Thalassoica 92
Thamnophilus 79
Thaumatographa 41
Therates 78
Thermococcus 84
Thoracobombus 69
Thoracophorus 73
Thrips 52, 71
Thunnus 1, 4
Thyreus 53
Timia 41
Tiphia 65
Tipula 26
Toxotes 102
Trachipterus 59
Trechus 83
Trichastoma 68
Trichinella 53
Trichocera 77
Trichopteromyia 60
Trichotis 60
Tridrepana 48
Trigonogastra 51
Trimmatom 105
Triodon 98

Trogon 80
Trogonoptera 80
Trogus 93
Trypanosoma 65
Trypeticus 78
Tryphera 60
Turdus 21
Typhonia 89

【U】
Ufo 100
Upupa 102
Urania 87
Ursus 40, 76, 102

【V】
Vaga 79
Velia 53
Vespertilio 88
Vini 101
Vulpes 84

【X】
Xanthocephalus 45
Xanthorhiza 42
Xenos 40
Xiphias 53, 102
Xiphovelia 53
Xylocopa 81
Xylocoris 83

【Y】
Yamanowotome 60
Yponomeuta 23

【Z】
Zadontomerus 25
Zanclognatha 44
Zetetes 101
Zosterops 32
Zyras 107

種小名索引

【A】
abdominalis 69
abei 100
aberrans 40
abnormis 40
acanthina 62
aculeatus 61
acuta 85
aeruginosus 48
agilis 75, 83
agitatus 75
agricolaris 91
agronoma 91
ainu 81
alaris 71
alata 71
albidus 71
albus 46
alticola 57
ambiguus 39
ambulator 74
americanus 79
amoena 39
amphibius 92
anableps 21
anakuma 2, 5
anatinus 68, 97
angularis 50
angusta 57
angustifrons 57
angustior 57
angustissimus 57
annularis 49
annulatus 49
antarctica 92
antennalis 52
appendiculata circumvolans 81
aquaticus 91
aquatilis 91
arborea 91
arctos 102
arctos horribilis 40, 76
ardeola 83
armatus 73
asperum 59
asterias 88
atricapilla 91
atrogularis 44
atrum 46
aurantia 44
aurantiacus 44
aurescens 75
auritus 67
aurofasciana 14, 16

【B】
badius 47
barbatula 60
bella 39
bicolorata 98
bicornis 102
bipunctana 14, 16
biwaprimus 103
biwasecundus 104
bona 41
bonasia 102
boninensis 52
brachyurus 56
breviceps 65
brevicornis 69
brevirostris 56
breviusculus 56
burrus 43

【C】
cacuminana 14, 16
cadaverinus 65
caerulea 45
caesia 47
calcitrans 68

candida 47
canus 47
capillatus 60
capitatum 65
captiosana 14, 16
carbo 63
carnea 48
carnifex 78
castaneana 14, 16
caudata 90
c-aureum 97
cavella 48
celatum 78
celer 84
celerator 84
cephalus 102
certatus 73
cervinus 48
chinensis antennalis 66
chuzelonga 103
citrea 44
clathratus 71
clavigera 51
coarctatus 52
coelicolor 54
coerulescens 77
collaris 93
compressicornis 52
concolor 21, 23, 74
convallium 90
coriacea 71
cornutus 66, 69, 102
corone 102
corpulenta 65
corrugata 60
crassicauda 61
crenata 39
crista-galli 97
crocea 48
cruciata 52, 54
cruentus 43
culicifacies 65
curatus septentrionalis 99
currax 84
cursitans 83
cursor 83
curta 93
custos 85
cyaneus 45
cyclops 49
cylindratus 50
cyrtusoides 27

【D】
dasypus 60
decempunctata 99
decoris 41
demersus 86
demissus 58
dentata 68
depressiusculus 58
difficilis 93
dignus 41
dissimilis 21
dolichogaster 55
dolosana 14, 16
dormitor 83
doubledayana 14, 16
dryas 82

【E】
edentula 68
edentulus 102
edodes 80
egregia 42
elaphus 102
electana 14, 17
electricus 28, 102
elegans 77, 84
enormis 53

ensifera 53
ensiger 53
epilepidota 90
epops 102
eristaloideus 27
errabunda 79
errans 79
erratica 79
erubescens 43
evonymellus 23
examinata 14, 17
excavata 49
excellens 42
exilis 14, 17
exsculptus 61

【F】
fasciatana 14, 17
fasciatus 74
fera 84
filamentosus 63
flammea 43
flavifasciana 15, 17
flavipes 70
flavus 44
flexibilis 83
floralis 91
floriceps 102
fluminea 92
fluminis 92
fluviatilis 92
fodiens 84
formidabilis 40
formosus 50
frontalis 52
fugax 82
fugiens 82
fujitertius 104
fulgens 87
fuliginosa 79
fulvago 25
fuscus 47

【G】
gigantea 53
gilva 44
glabrum 62
gladius 53, 102
glauca 48
globosa 50
gloriosus 84
grammineus 48
grandiceps 54
gregalis 73, 75
gregaria 75
gregarium 73
grisea 47
guttatus 63
gymnura 62

【H】
hagoromo 106
hecabe 3
helva 44
hemisphericus 77
hercules 28
hippurus 102
hirashimai 57
hirsuta 60
hominivorax 80
horrescens 76
hostilis 92
humeralis 15, 17
humicola 90
humilis 58, 90
hydrangeana 15, 17
hyperboreus 23

【I】
ichneumon 78

imitator 60
incanus 47
ineptana 15, 17
ingens 54
insignis 41
insularis 81
interfector 78
interpres 94
intestinalis 69
io 102
iridescens 48
iriomotensis 12
irritans 26

【J】
jaculator 102
japonica 1, 4, 53, 55, 66
japonicus 1, 4, 76
javanicus 83

【K】
keta 68
kidako 62

【L】
lacunana 15, 17
lacustris 93
laevis 62
lapidarius 93
lapidator 93
larvatus 67
latipennis 57
leucosternum 49
liberiensis 66
limbatus 75
limnaeus 93
longa 55
longipes 55
longissimus 56
lotor 5
ludvicianus 82
luna 87
lunaris 87
lunularia 88
lutea 44
lutris 102

【M】
macrocerus 81
macrogaster 56
macrotis 56
maculata 25, 87
magna 54
magnificus 27
maidis 51
majuscula 54
mandibularis 69
marinus 92
maritima 92
maximus 54
megalotis 67
melampus 57
melanocephalus 58
meles 1-3, 5
meles anakuma 1, 2
mellifera 1, 2, 4
mendax 56
metallicana 17
metallicana bicornutana 15
micans 79, 92
milichopis 15, 17
minuta 76
mira 41
mirabilis 40
mirus 41
moderata 15, 17
molle 49
monoceros 102
montana 90
montanus 1, 5

monticola 68, 74
montivagus 90
mori 15, 17, 18
moritrix 67
morivora 15, 17, 18
mundulus 42
mundus 42
myotis 67

【N】
najas 44
nanus 105
nasalis 67
natans 77
nidus-avis 101
nigella 28
nigerrimus 46
nigra 46
nigrescens 46
nigrocaudata 49
nippon 90, 102
nivalis 89
nivea 89
notabilis 41
novemfasciatus 99
nubifer 89
nudiceps 62
nympha 56

【O】
obovata 15, 17
obsoletus 87
ocellata 66
octomaculatum 99
olor 102
ommatoptera 67
onocrotalus 102
ophthalmolepis 59
orbis 49
orientalis 1, 5, 68
orthocosma 15, 17
otus 102
ovalis 51

【P】
pacifica 92
palustris 93
paniscus 102
paradoxa 59
parathoracica 21, 22
parva 55
parviceps 55
parvula 29
pauper 74, 91
pedicularius 28, 70
pelagicus 28, 92
pelecanoides 56
pelliceus 71
pennata 71
pennipes 71
perniciosa 43
pernigra 46
pernix 84
persimile 24
personatus 86, 94
peruviensis 80
phaeopteralis 47
pharus 105
pilosa 60
pipiens quinquefasciatus 98
plagiator 82
plancus 80
plicata 60
plumbosana 15, 17
plumipes 55
pluvialis 89
polystomella 67
porphyrea 46
postmaculatus 24
praestans 42

procera 58
procyonoides 1, 5, 78
prolixus 56
pryerana 15, 17
pugnax 73, 102
pumilus 55
punctata 61
purpurea 45
pusilla 55
pygmaea 54
pygmaeus 55, 74, 102
pyricola 52

【Q】
quadrata 51
quadricornis 98
quadricornus 98
quatuordecimguttata 62

【R】
radicola 101
retroversa 24
rhinoceros 66, 85
rikuzenius 70
rixosus 74
rossi 67
rostrata 68
rostratum 68
rotunda 49
rotundicauda 49
ruber 44
rubra 43
rufa 43
ruficrus 70
rufus 56, 70
rugosa 61
rugosicephalus 61
rugosum 61
rusticolus 75
rutilus 43

【S】
sabulosa 102
saltator 77
saltatoria 77
saularis 74
saxatilis 74
scenicus 77
schulziana 15, 18
scintillans 88
scops 102
scutata 52
semicincta 24
semicremana 15, 18
septempunctata 99
serrata 51
setifer 101
sexpes 102
sexpunctatus 98
sexspinosus 50
shimadai 105
siderana 15, 18
silvatica 91
simplex 42
simplicidens 42
simplicior 42
simplicissima 42
sinuosa 61
sociabilis 66
solaris 87
solitaria 41
solitarius 90
somnulentus 82
spadix 47
spectabilis 85
spelaea 85
sphaeroceps 51
spinifera 62
spinosa 62
spiralis 53
squamatus 59

squameus 59
squamifera 59
squamosa 59
stenopus 57
sticticus 61
styx 101
subaureus 24
subcristatus 50
subelectana 15, 18
subretracta 15, 18
subtilana 15, 18
supranimbus 24

【T】
tamagotoi 104
tamahosohige 103
tamakireides 104
tamakitanaides 104
tamakiyoides 104
tamamontuki 103
tamanigrum 103
tamanitidus 103
tamaputridus 103
tamarutilus 103
tamasemusi 103
tardigradus 74, 76
tardipes 76
taurinus 76
tephrea 15, 18
terrificus 40
thalassina 75
thibetanus 87
thoracica 21, 69
torquatus 75
trachypterus 59
transversa 25
transversana 15, 18
triangula 51
triangularis 51
trigonus 98
triguttata 77
trucidatus 79
tsutavora 15, 18
tutus 85

【U】
ultramarinus 25
unicolor 80, 98
unicornis 67
utilis 43

【V】
vagabunda 79
vagans 79
valida 90
velox 84, 90
venator 78
venatoria 78
veneta 45
ventralis 69
ventricosus 69
venustus 39, 82
vespertina 88
vexillarius 102
vicarius 83
vidivici 101
viduus 80
vinacea 48
violaceipennis 45
vipio 102
viride 45
viridis 76
vittatus 62
volans 26, 65, 81
volitans 81

【Y】
yasumatui 2

著者紹介

平嶋 義宏（ひらしま　よしひろ）

1925年　台北市に生まれる.
1945年　九州大学農学部卒業.
　　　　以後，九州大学助手，同助教授，同教授，同図書館長を歴任.
　　　　1989年定年退官.
1993年　宮崎公立大学初代学長.
2003年　勲二等瑞宝章受章.
現　在　九州大学名誉教授，宮崎公立大学名誉教授，農学博士.

主な著書
『新応用昆虫学』（共著）1986年　朝倉書店.
『蝶の学名』1987年と『新版　蝶の学名』1999年．九州大学出版会.
『昆虫採集学』1991年と『新版　昆虫採集学』2000年（馬場金太郎と共編）．九州大学出版会.
『生物学名命名法辞典』1994年．平凡社.
『生物学名概論』2002年．東京大学出版会.
『生物学名辞典』2007年．東京大学出版会.
『学名論：学名の研究とその作り方』2012年．東海大学出版会.
『日本語でひく動物学名辞典』2015年．東海大学出版部．ほか.

学名(がくめい)の知識(ちしき)とその作(つく)り方(かた)

2016年7月30日　第1版第1刷発行

著　者　平嶋義宏
発行者　橋本敏明
発行所　東海大学出版部
〒259-1292　神奈川県平塚市北金目4-1-1
TEL　0463-58-7811　FAX　0463-58-7833
URL　http://www.press.tokai.ac.jp/
振替　00100-5-46614
印刷所　港北出版印刷株式会社
製本所　誠製本株式会社

ISBN978-4-486-02100-1